巴家嘴水库及多泥沙河流水库泥沙关键技术研究

郭选英　宋红霞　刘生云　陈雄波　李庆国　著

U0251309

黄河水利出版社

内 容 提 要

本书通过对巴家嘴水库建设、运行、改建过程的剖析和研究,提出了黄土高原缺水地区,多沙、高含沙河流水库工程设计关键技术问题的解决途径。本书分为上篇、中篇、下篇,上篇主要介绍建设、运用、改建及高含沙水库泥沙运动机理研究,中篇主要介绍水库除险加固工程泥沙设计,下篇介绍水库泥沙设计中的关键技术问题。本书通过对巴家嘴水库建设、设计、运用的长期实践、认识,再实践、再认识,从排沙、减淤、保持有效库容的角度,提出了"设计满足各级设计水位泄量要求的水库泄流曲线,这是多沙河流水库泄流曲线的显著特点"等观点,提出了兼顾地方用水和排沙要求的水库运用方式,为水利工程师工程设计提供了重要的参考和工程实例。

图书在版编目(CIP)数据

巴家嘴水库及多泥沙河流水库泥沙关键技术研究/郭选英
等著. —郑州:黄河水利出版社,2007.12
ISBN 978 - 7 - 80734 - 340 - 0

Ⅰ. 巴… Ⅱ. 郭… Ⅲ. 水库泥沙 - 泥沙控制处理 -
研究 - 西峰市 Ⅳ. TV145

中国版本图书馆 CIP 数据核字(2007)第 182966 号

组稿编辑:岳德军 手机:13838122133 E-mail:dejunyue@163.com

出 版 社:黄河水利出版社
        地址:河南省郑州市金水路 11 号   邮政编码:450003
发行单位:黄河水利出版社
        发行部电话:0371 - 66026940、66020550、66028024、66022620(传真)
        E-mail:hhslcbs@126.com
承印单位:黄河水利委员会印刷厂
开本:787 mm × 1 092 mm 1/16
印张:9.5
字数:220 千字   印数:1—1 000
版次:2007 年 12 月第 1 版   印次:2007 年 12 月第 1 次印刷

书号:ISBN 978 - 7 - 80734 - 340 - 0/TV · 535   定价:28.00 元

前　言

　　巴家嘴水库位于水源贫乏的甘肃省庆阳市,是庆阳市不可或缺的重要水源,在当地经济社会发展中起着重要作用。由于水库年均来水含沙量高达 218 kg/m³,泥沙问题非常严重,致使庆阳市用水和水库排沙之间的矛盾非常突出。当地为了解决用水,特别是用清水的问题,于 1992 年、1996 年两次改变水库排沙方式,排沙期缩短,并且在汛期平水期蓄浑用清,河槽淤积严重。加上水库泄流能力的限制,常遇洪水上滩淤积,滩槽同步抬高,防洪库容锐减,水库防洪标准降低,工程存在安全隐患。长期以来,水库泥沙问题一直困扰着巴家嘴水库,是巴家嘴水库的一大遗留问题。

　　本书主要研究成果如下:

　　(1)对巴家嘴水库高含沙水流特性和冲淤特性进行了规律性分析。总结出巴家嘴水库高含沙洪水不仅挟沙能力强,而且存在浆河、间歇流、停滞、泥沙沉降等特性;总结了巴家嘴水库高含沙水流的宾汉极限切应力与含沙量、悬移质泥沙中数粒径的关系规律。

　　(2)将多沙河流水库泄流规模的确定由点控制转变为线控制。从排沙、减淤、保持有效库容的角度提出了"设计满足各级设计水位泄量要求的水库泄流曲线,这是多沙河流水库泄流曲线的显著特点"的观点,在多沙河流水利水电工程设计中尚属首例。

　　(3)提出泥沙数模计算时段应以不引起洪水过程线有较大变形为原则确定。通过对水库防洪库容锐减原因及来水来沙特性的深入分析,认为巴家嘴水库以日为计算时段设计的洪水过程变形严重,导致计算结果误差偏大,本次巴家嘴水库汛期及非汛期洪水期入库水沙过程线,按实测洪水过程设计。首次提出了对于山区具有暴涨暴落高含沙洪水来沙特性的水库,在泥沙数学模型计算中,计算时段应以不引起计算过程中洪水过程线有较大变形为原则确定。

　　(4)将巴家嘴水库运用的主汛期分为主汛期平水期、主汛期基流冲刷期、主汛期洪水期三个时期,并提出了主汛期各个时期既防洪保坝,又保障供水,既控制水库淤积,又保持有效库容的水库运用限制水位和条件,为黄土高原缺水地区水库运用方式的制定提供了重要参考。

　　(5)坚持人与自然和谐相处的原则,提出了兼顾排沙和用水的水库运用方式。通过对水库洪水来沙特性、高含沙水库淤积特性、泄流规模及运用方式的高度综合和灵活应用,解决了黄土高原缺水地区高含沙水库的蓄浑用清问题,为类似缺水地区实现经济的可持续发展提供了可以借鉴的、有效解决问题的途径。

　　(6)不仅对巴家嘴水库工程关键技术问题进行了深入的研究,为水利工程师进行多沙河流水库工程设计提供参考,而且在多沙水库分组沙排沙分析、水库泥沙数学模型设计等方面提出了新的研究成果,以供广大水利工程师在水利工程设计中应用。

　　作者自 1992 年开始在河流泥沙工程专家涂启华的指导下,潜心研究巴家嘴水库工程泥沙问题,结合巴家嘴水库增建泄洪洞工程设计、巴家嘴水库运用方式研究、巴家嘴水库除险加固工程设计,在高含沙河流水库工程泥沙设计及水库运用方面取得了重要的认识和成果,并且已经应用于巴家嘴水库除险加固工程设计和建设,为推广和交流研究心得,推动泥沙工程学的发展,特撰写成书。

本书前言及上篇由刘生云、宋红霞、郭选英执笔,中篇由郭选英、宋红霞、刘生云、陈雄波、李庆国执笔,下篇及参考文献由宋红霞、陈雄波、郭选英、刘生云执笔。全书由郭选英、李庆国统稿。在此向共同参与研究工作的安催花、郜国明等同志表示感谢。

作　者

2007 年 9 月

目 录

上篇
巴家嘴水库工程泥沙问题

第一章　概　况

第一节　巴家嘴水库工程概况

巴家嘴水库位于甘肃省境内泾河支流蒲河中游的黄土高原地区,控制流域面积 3 478 km²,占蒲河流域面积的 46.5%,是一座集防洪、供水、灌溉及发电于一体的大(2)型水库。整个工程由一座拦河大坝、一条输水洞、两条泄洪洞、两级发电站和电力提灌站等组成。水库于 1958 年 9 月开始兴建,1960 年 2 月截流,1962 年 7 月建成,为拦泥试验库。初建坝高 58 m,相应库容 2.57 亿 m³,为黄土均质坝。左岸设一条输水发电洞,直径 2 m;一条泄洪洞,直径 4 m,用做泄洪排沙。1965 年、1974 年曾两次加高坝体,坝高 74.0 m,校核洪水位下原始总库容为 5.110 亿 m³。第二次加高大坝的同时,又改建了泄洪洞与输水洞,泄洪洞进口底坎高程抬升 0.5 m,输水洞进口底坎高程抬升 3.5 m,泄洪洞最大泄流能力为 101.9 m³/s。1992 年 9 月增建泄洪洞工程正式开工,于 1998 年汛前投入运用。

水库自 1960 年投入运用以来,采用过蓄水拦沙、自然滞洪和蓄清排浑三种运用方式。1960 年 2 月~1964 年 5 月和 1969 年 9 月~1974 年 1 月蓄水拦沙运用时,入库泥沙大部分拦在库内,库区淤积严重。1964 年 5 月~1969 年 9 月和 1974 年 1 月~1977 年 8 月为自然滞洪期,第一次自然滞洪运用时因泄流能力未增加,汛期滞洪,淤积量仍较大;第二次自然滞洪运用时,改建了泄洪洞,且进库水沙量偏枯,因此淤积较少。1977 年 8 月以后,水库虽改为"蓄清排浑"运用方式,但由于泄流能力不足,严重滞洪,库区仍有大量淤积。1960 年 2 月~2004 年 6 月,水库总淤积量为 3.2 亿 m³,有效库容仅剩 1.78 亿 m³。

蒲河流域属黄土高塬沟壑区,水土流失严重,库区沟谷发育。河道陡峻,天然河道平均比降 22.8‰,河宽 500~700 m。河床组成为砂卵石与基岩相间,两岸不连续分布有 Ⅰ~Ⅴ 级阶地。出露在库区的地表岩层为白垩系,分布在河谷两侧,一般高出河床 15~40 m 不等。岩层自下而上排列为页岩、砂岩、亚黏土、黄土。

新增泄洪洞(5 m×7.5 m)进口高程 1 085 m,于 1993 年开工建设,1998 年 8 月投入运用。现状水库泄水建筑物泄流能力为:水位 1 090 m 泄量 109.6 m³/s;水位 1 100 m 泄量 340.7 m³/s;水位 1 110 m 泄量 468.8 m³/s;水位 1 120 m 泄量 568.8 m³/s;水位 1 124 m 泄量 604.1 m³/s。泄流规模虽有增大,但仍然严重不足,主要是不能控制库区滩地的淤积抬高,不能保持有较大的库容以满足防洪保坝安全的要求。按 2004 年 6 月的实测库容进行调洪计算,水库仅可防御 720 年一遇洪水,水库防洪能力严重降低。

目前,巴家嘴水库任务以防洪保坝、城市供水为主,兼顾灌溉。水库汛期需要承担城市供水任务,不可避免地要发生一定的蓄水淤积,同时,汛期洪水洪峰流量大,洪水挟带大量泥沙入库,由于泄流规模不足,洪水漫滩淤积严重,也不可避免地要发生滩地淤积,继续淤积损失库容。因此,进一步采取措施显著增大水库泄洪排沙能力,实属当务之急。增建泄流设施,可以控制低水位大泄量,延缓库区滩面淤高,满足水库运用一定时期内,形成较大槽库容,达到水库冲淤相对平衡,库区滩面相对稳定,水库防洪保坝、供水的库容相对稳定,以长期发挥水库的综合效益。因此,自2006年3月开始了巴家嘴水库除险加固工程建设。

第二节　库区和下游社会经济情况

巴家嘴坝址以上,沟壑纵横,耕地面积较少,高塬区耕地约占40%,丘陵区耕地约占26%,农作物以小麦、高粱、糜子等为主,人口稀少。

库区左岸为董志塬,右岸为太平塬,塬谷高差达300 m。董志塬地势平坦,土层深厚,土壤肥沃,有耕地8.67万hm²,是陇东粮食主要产区。

坝址下游蒲河、泾河沿岸主要有陕西、甘肃两省的西峰、镇原、宁县、正宁、泾川、长武、彬县、礼泉、泾阳和高陵等10个县(区),47个乡(镇),14.02万人,1.9万hm²耕地,13座水电站(抽水泵站),以及大量的厂矿企业、学校和企事业单位。其中甘肃省境内涉及5个县(区),15个乡镇,2.1万人,1 413 hm²耕地;陕西省境内涉及5个县,32个乡(镇),11.92万人,1.76万hm²耕地。

巴家嘴水库大坝到宋家坡属蒲河段,河道长50 km,洪水影响范围主要涉及庆阳市的西峰、镇原、宁县三县(区),10个乡(镇),724人,耕地面积305.87 hm²,小型水电站6座,国家文物保护单位1处。

宋家坡至泾河入渭口属泾河干流段,河道长280 km,洪水影响范围主要涉及庆阳市宁县、正宁,平凉的泾川,陕西省的长武、彬县、礼泉和泾阳等9个县,37个乡(镇),12万人,1.8万hm²耕地,以及6座水电站和大量的水利工程。该河段土地肥沃、经济发达、人口稠密,是泾河流域重要的产粮基地,同时,有大量的厂矿企业,城镇乡村分布两岸,张家山以下河道是咸阳市重要的沙石资源开采区,彬县县城泾水之滨,附近有国家拟建的大佛寺、小庄、孟村、红崖等煤田和重要的文物保护单位,长庆桥是庆阳市确定的经济开发区。

第三节　水库任务和运用方式变化

水库任务,历经变化。在1954年《黄河综合利用规划技术经济报告》中,巴家嘴水库为拟定修建的大型拦泥水库。1957年《泾河流域规划》拟定巴家嘴水库为控制性拦泥库,其任务为拦泥、调节水量,兼顾发电、灌溉。1964年底,周恩来总理主持召开的治黄会议,同意巴家嘴水库改为拦泥试验库。1968年,由于地方政府坚持水库"以发电为主兼顾种地"的原则,从1968年10月开始,水库实行"非汛期蓄水发电、汛期滞洪排沙"运用,拦泥试验未能按计划继续进行。

为在水库进行拦泥试验,并用坝前淤土进行加高坝体试验,分别对大坝进行了两次加高。第一次于1965年3月开工,1966年底完工,顺大坝背水坡加高8 m,坝顶高程1 116.7 m,总库容3.63亿m³。第二次于1974年11月开工,1975年6月完工,顺大坝迎水坡加高8 m,实际坝顶高程1 124.7 m,最大坝高74 m,总库容5.11亿m³。

1980年1月19日,黄河水利委员会(以下简称黄委会)以[1980]黄计字03号《关于巴家嘴水库不再进行淤土加高试验的报告》报水利部。报告称:巴家嘴水库已取得有关试验资料,不再进行淤土加高试验,由于当地发展农业的需要,已改为蓄水运用,今后水库加固和改建工程及管理,由甘肃省水利局负责实施。

黄委会设计院(现黄河设计公司)1980年4月完成《巴家嘴水库改建工程规划及增建泄洪洞工程方案比较》报水利部,根据不再进行淤土加高试验的精神,加固设计不再按拦泥试验坝的指导思想进行。根据水利部[81]水规字第86号文批复"关于编制巴家嘴增建溢洪道工程的初步设计及概算"要求,黄委会设计院于1983年9月完成《巴家嘴水库增建泄洪建筑物初步设计报告》,确定水库按"蓄清排浑,滞洪排沙"方式运用,并进行泄洪洞与溢洪道方案比较,以投资少、工程运用安全可靠、有利于减淤排沙、保持有效库容为由,推荐明流洞方案。1984年2月水利部水利水电规划设计总院对增建泄洪建筑物初步设计进行审查,要求对隧洞进口段黄土高边坡稳定、进口段布置、洞型进行补充研究。黄委会设计院于1987年完成了《巴家嘴水库增建泄洪洞工程初步设计补充报告》。1988年6月22日,水利部水规[1988]5号《关于巴家嘴水库增建泄洪洞工程初步设计补充报告的批复》称:经研究,我部原则同意初步设计报告,水库运用方式应采取蓄清排浑、空库迎汛,请设计院结合水沙情况研究汛末蓄水的可能性和水库调度方式,同意增建一条5 m×7.5 m城门洞型泄洪洞。

1992年8月11日24时,巴家嘴水库水位1 110.6 m时,桩号0+381坝轴线上游约50 m处铺盖水面上(水深1~2 m)发生12处冒泡;13日8时,分别在沿坝轴线方向长约15 m、宽约10 m范围内增加到33处冒泡;13日21时发现在桩号0+187~0+397、宽50 m范围内大面积普遍发生气泡,计80多处;14日库水位下降至1 108.85 m,仍有72处冒泡。随着库水位下降,冒泡现象随之消失。

根据水利部指示,对巴家嘴水库坝体上游铺盖发生冒气泡现象进行了查勘和座谈,形成了《甘肃省庆阳地区巴家嘴水库大坝险情座谈会纪要》,对冒泡原因分析认为属正常现象,不危及大坝安全。对大坝安全和今后加固措施提出了意见,认为现有输水和泄洪洞泄洪能力低,最大泄量仅137 m³/s,严重影响到水库排沙运行和水库安全,要加快增建一条泄洪洞工程。

1993年3月和6月,黄委会设计院完成了《巴家嘴水库增建泄洪洞工程初步设计洪水复核》、《巴家嘴水库泥沙淤积分析计算》报告。水利部在兰州召开会议进行审查,审查意见称:巴家嘴水库属大(2)型水库。水利部1981年审查水库加固设计中曾确定洪水标准为500年一遇洪水设计、5 000年一遇洪水校核。根据1990年5月颁发的《水利水电枢纽工程等级划分标准补充规定》,同意洪水标准改为100年一遇洪水设计、2 000年一遇洪水校核。近几年水库淤积严重除因来沙量较大外,与调度运用也有一定关系。今后必须坚持蓄清排浑的运用方式。1994年7月11日水利部下达水规计[1994]137号文《对巴家嘴水库增建泄洪洞工程洪水复核和补充初步概算的批复》提出:"增建泄洪洞工程必须抓紧施工。同意暂不加高坝体。坚持蓄清排浑、空库迎洪(汛期限制水位1 100 m),汛后蓄水,发挥水库综合效益。"

第四节 水 文

巴家嘴水库出库站巴家嘴水文站,位于大坝下游约 500 m 处,集水面积为 3 522 km²。坝下至水文站区间有南小河沟汇入,集水面积 44 km²。巴家嘴水文站始建于 1951 年 9 月,1962 年水库建成后作为出库站。1964 年 1 月在蒲河姚新庄、支流黑河兰西坡等处设立入库水文站。姚新庄站距坝 31 km,集水面积 2 264 km²;兰西坡站距坝 23 km,集水面积 684 km²。入库站至巴家嘴站区间汇流面积 574 km²。1976 年库区淤积已影响至兰西坡测流断面,故于 1976 年上移至太白良,距坝 35 km,集水面积 334 km²,入库站至巴家嘴站之间有汇流面积 924 km²。

巴家嘴水库库区属于大陆性气候,年均气温 11 ℃,全年 1 月份气温最低,7 月份最高,极端最高气温 35.1 ℃,极端最低气温 −22.4 ℃,多年平均降水量为 570 mm。降水年内分配极不均匀,多集中在 7 ~ 8 月,暴雨强度大而集中,入库泥沙主要为暴雨洪水所挟带。每逢暴雨,水沙俱下,洪水暴涨暴落,含沙浓度很高。

一、设计洪水

自 1958 年以来,不同单位曾先后对巴家嘴水库的设计洪水进行过多次分析计算,各次计算采用的资料系列不尽一致,历史洪水资料的采用也有所不同。如 1964 年计算设计洪水时,1947 年的历史洪水重现期按 1841 年以来第二大洪水处理,重现期为 61 年。而 1981 年计算设计洪水时,1947 年的历史洪水重现期按 1901 年以来第一大洪水处理,重现期为 87 年。各次设计成果见表 1-1。

1981 年巴家嘴水库增建泄洪洞工程初步设计成果是经水利部审查通过并作为巴家嘴水库增建泄洪洞工程初步设计时的设计成果(水规计[1994]137 号)。100 年一遇洪水,设计洪峰流量为 10 100 m³/s,3 日洪量为 1.36 亿 m³;2 000 年一遇洪水,设计洪峰流量为 20 300 m³/s,3 日洪量为 2.55 亿 m³。坝址设计洪水过程线采用仿典型年的方法进行计算,典型洪水过程选择 1958 年 7 月 14 ~ 16 日的洪水过程。巴家嘴水库各频率洪水特征值见表 1-2。

二、水库设计防洪标准

根据中华人民共和国《防洪标准》(GB 50201—94),巴家嘴水库属大(2)型水库工程,其防洪标准应是 100 年一遇至 500 年一遇洪水设计、2 000 年一遇至 5 000 年一遇洪水校核。经水利部审查同意增建泄洪洞工程建设时采用了防洪标准的下限,即 100 年一遇洪水设计、2 000 年一遇洪水校核。(水规计[1994]137 号)。

三、水库实际防洪能力

由于大坝坝顶沉陷 0.27 m,按照 1.79 m 安全超高计算,水库实际允许的防洪最高水位为 1 123.84 m,按照 2004 年 6 月实测库容曲线,水库的有效库容仅为 1.75 亿 m³ (1 123.84 m 库容)。经调洪计算复核,1 123.84 m 防洪水位相应的洪水重现期约为 720 年,即巴家嘴水库现状防洪能力达不到 1 000 年一遇。

表 1-1　巴家嘴水库历次设计洪水计算成果

（单位：Q, m^3/s; W, 亿 m^3）

序号	设计单位	设计时间(年·月)	项目	资料年份	N/年份	n	a	设计参数 $\bar{X}$	C_v	C_s/C_v	不同频率 $P(\%)$ 设计值 0.05	0.1	0.2	0.5	1	备注
1	黄委会设计院	1958.6	Q_m	1952~1958 1901,1947	57/1947	7	2	707	1.25	3		7 750			4 450	1947年洪水为1901年以来首大,1901年洪水为第二大
			$W_主$					0.127	1.10	3		1.8			0.701	
2	甘肃省水利厅	1959.12	Q_m	1952~1958 1901,1947	50/1947	7	2	929	1.20	4		11 000		7 400	6 000	1947年洪水按55年一遇;1958年洪水按33年一遇
			$W_主$													
3	甘肃省水利厅设计院	1961.8	Q_m	1952~1960 1901,1947	100/1947	9	2	1 290	1.07	3		11 900			6 740	1958年洪水为第二大洪水;1901年洪水按一般系列
			$W_主$			8		0.89	1.10	3		1.83			1.03	
4	甘肃省水利厅设计院(水电部水总局审查后)	1961.11	Q_m	1952~1960 1901,1947	60/1947	8	2	1 350	1.00	3		11 000			6 800	1958年洪水按60年第二大;1958年洪量按一般系列
			W_3			9	1	0.29	1.00	3		2.40			1.45	
5	黄委会	1964.10	Q_m	1952~1960, 1962~1963 1841,1901,1947	123/1841	11	3	1 322	1.50	3		18 700	16 300		10 200	1841年洪水按1841年来首大;1947年洪水为第二大;1958年洪水小于1947年
			W_3					0.228	1.13	3		2.18	1.92		1.30	
6	黄委会规划二分队	1973.6	Q_m	1952~1960, 1962~1971 1841,1901,1947	180/1841	20	2	1 530	1.30	3		17 700			10 100	1841年洪水按1613年第二大;1947年洪水按1901年来首大
			W_3					0.252	1.04	3		2.16			1.32	
7	黄委会规划大队	1976.12	Q_m	1952~1960, 1962~1975 1841,1901,1947	180/1841	24	2	1 443	1.34	3	19 600	17 400			9 850	1841年洪水按1613年第二大;1947年洪水按1901年来首大
			W_3					0.237	1.10	3	2.48	2.19			1.32	
8	黄委会设计院	1981.12	Q_m	1952~1960, 1962~1975 1841,1901,1947	180/1841	24	2	1 475	1.34	3	20 300	17 800	15 440	12 360	10 100	各次洪水的重现期同1976年
			W_3					0.245	1.10	3	2.55	2.26	1.99	1.63	1.36	
9	黄委会设计院	1993.4	Q_m	1952~1960, 1962~1987 1841,1901,1947	188/1841	36	2	1 370	1.30	3	17 800	15 890			9 100	各次历史洪水的重现期同1976年处理方法一致,但1947年洪水计算时按第二大洪水计算
			W_3					0.226	1.06	3	2.23	1.99			1.21	
10	黄委会设计院	2001.7	Q_m	1952~1960, 1962~2000 1841,1901,1947	194/1841	50	1	1 423	1.34	3	19 500	17 200	14 900		9 760	1841年洪水按1613年第二大处理,1901系列,1947年洪水计算时按实测系列考虑

表 1-2　巴家嘴水库各频率洪水特征值

频率 $P(\%)$	0.05	0.1	0.2	0.5	1	2	2.5
洪峰流量（ m^3/s ）	20 300	17 800	15 440	12 360	10 100	7 950	7 270
最大 3 日洪量（亿 m^3 ）	2.550	2.260	1.990	1.630	1.360	1.107	1.026
频率 $P(\%)$	3.3	5	10	20	33.3	50	
洪峰流量（ m^3/s ）	6 450	5 270	3 450	1 920	1 090	660	
最大 3 日洪量（亿 m^3 ）	0.926	0.780	0.550	0.343	0.216	0.135	

第二章　巴家嘴水库来水来沙特性

巴家嘴水库位于高含沙的蒲河上,来水来沙具有山区、黄土高原河流双重特性。水库入库径流量与输沙量为两个入库站(姚新庄、太白良)加上区间入汇的总和。按 1950 年 7 月~1996 年 6 月统计,年平均水量 13 059 万 m³,年平均沙量 2 848 万 t,年平均含沙量 218 kg/m³。从各年代统计情况来看,未见趋势性变化,水库来水来沙平均情况相对稳定,见表 2-1。

表 2-1　巴家嘴水库水文年入库水沙特征值

		水量(万 m³)			沙量(万 t)				流量(m³/s)			含沙量(kg/m³)		
时段		7~8 月	7~9 月	10月~次年6月	年	7~8 月	7~9 月	10月~次年6月	年	7~9 月	10月~次年6月	年	7~9 月	10月~次年6月	年
1950~1959 年		6 762	7 814	5 825	13 639	2 164	2 283	167	2 450	9.83	2.47	4.32	292	29	180
1960~1969 年		6 237	7 656	5 751	13 407	2 692	2 919	451	3 370	9.63	2.44	4.25	381	78	251
1970~1979 年		5 508	6 742	5 234	11 976	2 244	2 490	208	2 698	8.48	2.22	3.79	369	40	225
1980~1989 年		5 157	6 371	5 934	12 305	1 675	1 845	585	2 430	8.02	2.51	3.90	290	99	197
1990~1996 年		7 307	8 250	6 329	14 579	2 795	2 930	660	3 590	10.38	2.68	4.62	355	104	246
平均		6 098	7 290	5 770	13 060	2 272	2 456	393	2 849	9.17	2.44	4.14	337	68	218
占年均百分数(%)	1950~1959 年	49.6	57.3	42.7	100.0	88.3	93.2	6.8	100.0						
	1960~1969 年	46.5	57.1	42.9	100.0	79.9	86.6	13.4	100.0						
	1970~1979 年	46.0	56.3	43.7	100.0	83.1	92.3	7.7	100.0						
	1980~1989 年	41.9	51.8	48.2	100.0	68.9	75.9	24.1	100.0						
	1990~1996 年	50.1	56.6	43.4	100.0	77.9	81.6	18.4	100.0						
	平均	46.7	55.8	44.2	100.0	79.8	86.2	13.8	100.0						

一、水沙量年际年内分配不均

从年际变化情况看,巴家嘴水库来水来沙分布不均,年最大来水量为 27 875 万 m³ (1958 年),最小来水量为 7 769 万 m³(1965 年);年最大来沙量为 10 395 万 t(1964 年),最小来沙量为 419 万 t(1952 年)。

巴家嘴水库入库水沙年内分配很不均匀,基本上与降水在年内分配一致,即水、沙多集中在 7~8 月,见表 2-2,而沙之集中更甚于水。据 1950 年 7 月~1996 年 6 月统计,7~8 月水量 6 098 万 m³,占全年水量的 46.7%;沙量 2 272 万 t,占全年沙量的 79.8%。7~9 月水量 7 290 万 m³,占全年水量的 55.8%;沙量 2 456 万 t,占全年沙量的 86.2%。10 月~次年 6 月水量 5 770 万 m³,沙量 393 万 t。

表 2-2　巴家嘴水库各月平均入库水沙量(1950 年 10 月～1996 年 9 月)

月份	流量（m^3/s）	水量（万 m^3）	沙量（万 t）	含沙量（kg/m^3）
10	2.83	757	31	40
11	2.12	569	1.4	2.5
12	1.69	452	0.0	0.0
1	1.52	407	0.1	0.2
2	1.58	423	0.2	0.4
3	2.78	746	10	13
4	2.47	661	21	31
5	2.92	782	96	122
6	3.64	975	235	241
7	10.38	2 779	1 058	381
8	12.39	3 319	1 214	366
9	4.45	1 192	183	154
7～8	11.38	6 098	2 272	373
7～9	9.17	7 290	2 456	337
年	4.14	13 059	2 848	218

二、含沙量高

巴家嘴水库位于高含沙的蒲河上,1950～1996 年平均含沙量 218 kg/m^3,汛期平均含沙量为 337 kg/m^3。姚新庄站实测日平均最高含沙量为 855 kg/m^3(1955 年),瞬时最大含沙量为 1 070 kg/m^3。

三、沙峰猛涨猛落、小流量常带大沙

由于巴家嘴水库位于干旱少雨的黄土高原,长期的干旱使表层黄土严重风化,表层黄土非常疏松,无论暴雨大小,是否形成入库洪水,在春、夏、秋三季,皆能形成高含沙入库水流。巴家嘴水库入库基流为上游两岸岸壁渗出的泉水,仅一个流量(1 m^3/s)左右,当有降雨时,即形成沙峰,由于该地区降雨皆为暴雨,因此呈现出含沙量猛涨猛落、来沙集中的特性。由于流域内小暴雨也能形成高含沙水流入库,因此在实测水沙过程中,常常会看到几个流量挟带几百千克沙量的现象。巴家嘴水库的上述来沙特性在图 2-1 中可以清楚看到。

四、洪水猛涨猛落、峰高量小历时短、来沙集中

巴家嘴水库流域地形和暴雨特性,使入库洪水过程呈猛涨猛落的尖瘦型(见图 2-1),洪峰历时一般不超过 20 h,短则 2～3 h。全年入库沙量中,几次暴雨洪水造成的沙量占很

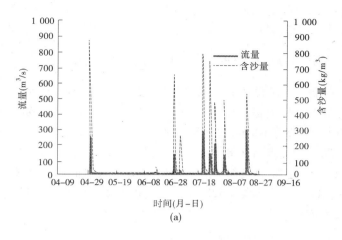

(a)

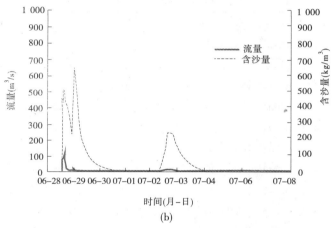

(b)

图 2-1　巴家嘴水库 1980 年入库洪水过程线

大比例。按流量大于 50 m³/s 为洪水期计,以 1956~1996 年资料统计,洪水期累计来水量 18.55 亿 m³,占总来水量的 35.2%,来沙量 9.66 亿 t,占总来沙量的79.3%;非洪水期累计来水量 35.64 亿 m³,占总来水量的 65.8%,来沙量 2.67 亿 t,占总来沙量的21.7%。

五、9 月~次年 6 月来沙量大,不容忽视

虽然非汛期 9 月~次年 6 月来沙量仅占年来沙量的 20.2%,但由于巴家嘴水库年来沙量大,其量较大。多年平均 9 月~次年 6 月来沙量为 576 万 t,其中 6 月为 234.9 万 t、5 月为 95.5 万 t、9 月为 183.3 万 t。9 月~次年 6 月最大来沙量为 2 235.1 万 t,其中 6 月来沙 2 198.3 万 t,发生在 1986 年;次大来沙量为 1 276 万 t,其中 5 月来沙 1 103 万 t,发生在 1985 年。当遇到这种情况时,水库按原运用方式运用,即每年 9 月 15 日至次年 6 月底蓄水运用,期间来沙将全部淤在库内,由此带来的问题是非常严重的,因此非汛期来沙量大,不容忽视,在今后的水库运用中要给予充分的考虑。

来水来沙集中在 7~8 月份,为水库排沙提供了有利条件。非汛期来大水大沙则要求

水库调度运用要有一定的灵活性,在实际运用过程中应于5月、6月、9月下旬、10月份密切关注天气变化和洪水预报,及时做好排沙工作,协调好水库排沙与兴利的矛盾。

六、大洪水出现几率大、基流时间长、中小洪水很少出现

从巴家嘴水库洪峰、3日洪量还原成果表(见表2-3)中看,1952~2000年的48年(缺1961年)时间里,年最大洪峰流量小于400 m³/s的有12年,在400~600 m³/s之间的仅有5年,600~1 000 m³/s的有10年,而大于1 000 m³/s的发生了21年,多年平均洪峰流量为1 160 m³/s,汛期平均流量仅为8.82 m³/s。可以看出,大洪水出现几率大,基流时间长,400~600 m³/s中型洪水很少出现。由此可以看出现状泄流规模的不足(1 110 m相应泄量468.8 m³/s,1 115 m相应泄量521.1 m³/s),较大洪水无法及时排泄出库而滞蓄在库内,造成大量的漫滩淤积。

表2-3　巴家嘴水库洪峰、3日洪量还原成果

年份	洪峰 (m³/s)	时间 (月-日)	洪量 (亿 m³)	起始日期 (月-日)	资料来源
1841	13 800		1.61		调查洪峰,用峰—量关系求洪量
1901	3 710		0.515		调查洪峰,用峰—量关系求洪量
1947	7 300		0.906		调查洪峰,用峰—量关系求洪量
1952	695	04-09	0.178	07-30	实测资料
1953	111	07-27	0.066	07-26	实测资料
1954	381	08-29	0.082	08-29	实测资料
1955	332	09-06	0.116	09-05	实测资料
1956	1 320	08-18	0.253	08-16	实测资料
1957	1 250	07-10	0.230	07-10	实测资料
1958	5 650	07-14	0.73	07-14	实测资料
1959	1 620		0.285		调查洪峰,用峰—量关系求洪量
1960	2 140		0.343		用出库流量及蓄洪量求还原洪量,用峰—量关系求洪峰
1962	150		0.039		用出库流量及蓄洪量求还原洪量,用峰—量关系求洪峰
1963	770		0.168		用出库流量及蓄洪量求还原洪量,用峰—量关系求洪峰
1964	2 980	08-12	0.437	08-12	用入库站加区间洪量,用峰—量关系求洪峰
1965	120	07-19	0.040	07-19	用入库站加区间求洪量,用峰—量关系求洪峰
1966	1 630	07-26	0.284	07-26	用入库站加区间求洪量,用峰—量关系求洪峰
1967	750	08-03	0.164	08-02	用入库站加区间求洪量,用峰—量关系求洪峰
1968	1 090	08-02	0.215	08-02	用入库站加区间求洪量,用峰—量关系求洪峰
1969	400	08-29	0.104	08-29	用入库站加区间求洪量,用峰—量关系求洪峰
1970	1 720	08-01	0.298	08-01	用入库站加区间求洪量,用峰—量关系求洪峰
1971	720	09-02	0.160	08-31	用入库站加区间求洪量,用峰—量关系求洪峰

年份	洪峰 （m³/s）	时间 （月－日）	洪量 （亿 m³）	起始日期 （月－日）	资料来源
1972	950	08－18	0.131	08－17	用入库站加区间求洪量，用峰—量关系求洪峰
1973	2 900	08－29	0.545	08－24	用入库站加区间求洪量，用峰—量关系求洪峰
1974	130	07－04	0.045	07－03	用入库站加区间求洪量，用峰—量关系求洪峰
1975	320	08－05	0.087	08－04	用入库站加区间求洪量，用峰—量关系求洪峰
1976	200	09－15	0.056	09－15	用入库站加区间求洪量，用峰—量关系求洪峰
1977	3 350	07－05	0.47	07－05	用入库站加区间求洪量，用峰—量关系求洪峰
1978	520	07－19	0.125	07－19	用入库站加区间求洪量，用峰—量关系求洪峰
1979	495	07－28	0.117	07－27	用入库站加区间求洪量，用峰—量关系求洪峰
1980	200	08－18	0.065	08－18	用入库站加区间求洪量，用峰—量关系求洪峰
1981	1 780	08－15	0.298	08－15	用入库站加区间求洪量，用峰—量关系求洪峰
1982	380	08－10	0.102	08－09	用入库站加区间求洪量，用峰—量关系求洪峰
1983	780	09－07	0.132	09－06	用入库站加区间求洪量，用峰—量关系求洪峰
1984	1 800	08－24	0.300	08－24	用入库站加区间求洪量，用峰—量关系求洪峰
1985	550	05－01	0.130	05－01	用入库站加区间求洪量，用峰—量关系求洪峰
1986	2 030	06－26	0.264	06－25	用入库站加区间求洪量，用峰—量关系求洪峰
1987	1 950	07－28	0.316	07－27	用入库站加区间求洪量，用峰—量关系求洪峰
1988	759	08－09	0.322	08－07	地区综合经验公式
1989	141	08－04	0.063	08－04	地区综合经验公式
1990	615	08－25	0.125	08－25	地区综合经验公式
1991	620	06－08	0.12	06－08	地区综合经验公式
1992	2 190	08－08	0.448	08－08	地区综合经验公式
1993	332	09－19	0.067	09－19	地区综合经验公式
1994	2 280	08－05	0.221	07－07	地区综合经验公式
1995	1 180	08－05	0.192	08－05	地区综合经验公式
1996	2 090	07－27	0.849	07－25	地区综合经验公式
1997	1 400	07－30	0.871	07－30	地区综合经验公式
1998	481	07－05	0.257	05－21	地区综合经验公式
1999	719	07－22	0.516	07－20	地区综合经验公式
2000	1 960	07－14	0.729	07－14	地区综合经验公式

七、悬移质泥沙颗粒级配

入库悬移质泥沙颗粒较细，以姚新庄站代表，按 1977～1991 年统计，各年中数粒径变化于 0.016～0.026 mm 间，多年平均中数粒径约 0.022 mm，见表 2-4。

表 2-4　姚新庄站悬沙颗粒级配

| 年份 | 小于某粒径（mm）级的沙重百分数（%） | | | | | | | | | 中数粒径（mm） | 平均粒径（mm） |
	0.01	0.025	0.05	0.10	0.25	0.5	1.0	2.0	5.0		
1977	27.3	58.6	86.9	96.0	98.2	99.4	100			0.021	0.038
1978	24.8	51.5	82.6	96.3	98.4	99.4	100			0.024	0.040
1979	25.4	51.5	82.3	96.3	98.6	99.5	99.9	100		0.024	0.039
1980	29.5	56.4	86.7	95.0	98.6	99.7	100			0.021	0.034
1981	33.4	58.2	85.5	95.9	98.4	99.2	100			0.020	0.035
1982	27.2	52.3	86.2	97.3	99.0	99.7	99.9	100		0.024	0.033
1983	30.8	55.6	84.9	98.0	99.2	99.9	100			0.021	0.030
1984	29.5	53.3	84.7	97.5	98.7	99.4	99.7	99.8	99.9	0.023	0.042
1985	35.7	57.8	83.8	95.4	97.5	98.6	99.2	100		0.019	0.046
1986	27.2	50.9	82.1	96.7	98.7	98.7	98.9	99.4	100	0.020	0.025
1987	26.9	48.8	77.4	92.0	96.9	99.4	100			0.026	0.046
1988	26.7	49.4	76.5	94.1	97.7	99.3	99.8	100		0.025	0.044
1989	33.2	52.2	81.2	96.4	98.7	99.7	100			0.023	0.034
1990	29.0	53.0	83.1	97.7	99.2	99.9	100			0.023	0.031
1991	38.5	63.1	86.6	99.7		100				0.016	0.023

八、库区淤积物干容重

淤积泥沙颗粒的粗细、淤积土受上层淤积物压力的大小、经历时间的长短、排水和暴露的条件等，都是影响淤积物干容重变化的因素。据 2004 年巴家嘴水库淤积物测验资料，库区淤积物干容重在 1.11～1.65 t/m³。据 20 世纪 70 年代实测资料分析，巴家嘴水库淤积物泥沙中数粒径 d_{50} 在 0.03～0.05 mm 范围内。从库区淤积物的纵横向分布情况看无明显的趋势性变化，垂线分布一般是上小下大，但也因淤积物泥沙组成的不同而有上大下小的现象（见表 2-5、表 2-6）。其中干容重变化范围为 1.01～1.63 t/m³，一般在 1.2～1.5 t/m³ 间变化。由表 2-7 知，淤积物干容重随淤积年限的增加而增大，最后趋向于相对稳定。

表 2-5　巴家嘴水库淤积物干容重横向分布　　　　　　　　　（单位：t/m³）

取样部位	蒲淤 0	蒲淤 1	蒲淤 2	蒲淤 5	蒲淤 10	蒲淤 11	蒲淤 12	蒲淤 13	蒲淤 14	蒲淤 17	蒲淤 19	蒲淤 21
岸边	1.44	1.47		1.53			1.63	1.5			1.47	
滩中	1.50	1.45	1.4	1.36	1.44	1.37	1.46	1.46	1.3	1.46	1.53	1.3
槽边	1.58	1.54	1.34		1.23	1.53		1.49	1.37	1.55	1.56	1.53
施测时间	1977 年 8 月	1977 年 8 月	1966 年汛前	1966 年汛前	1966 年汛前	1966 年汛前	1966 年汛前	1977 年 8 月	1966 年汛前	1966 年汛前	1977 年 8 月	1966 年汛前
深度					较深			较深				

表 2-6 淤积物滩面垂线分层取样干容重比较

测次	断面号（蒲河）	取样深度（m）	干容重（t/m³）	测次	断面号（蒲河）	取样深度（m）	干容重（t/m³）
1970 年 2 月（蓄水运用）	1	1	1.01	1976 年 2 月（自然滞洪）	1	0.1	1.24
		2	1.17			0.5	1.3
	5	1.5	1.31			1	1.33
		3	1.22		2	0.1	1.48
	9	1.5	1.29			0.65	1.42
		3	1.44			1	1.42
	14	1	1.21	1977 年 2 月 自然滞洪	0	0.26	1.37
		2	1.14			0.65	1.53
	17	1	1.42			1.04	1.43
		2.0	1.34		13	0.2	1.37
						0.5	1.48
						0.8	1.53

表 2-7 巴家嘴水库坝前 72 号孔垂线平均干容重历年变化

取样时间	1965 年 3 月	1967 年 5 月	1968 年 5 月	1970 年 5 月
垂线平均干容重（t/m³）	1.31	1.42	1.43	1.46

据 1962～1997 年资料分析，采用库容法计算水库淤积量为 3.14 亿 m³。其间入库沙量 9.94 亿 t，出库沙量 5.28 亿 t，按输沙率法计算水库淤积泥沙 4.66 亿 t，按淤积物干容重 1.3 t/m³ 计，为 3.58 亿 m³，按淤积物干容重 1.4 t/m³ 计，为 3.33 亿 m³，按淤积物干容重 1.5 t/m³ 计，为 3.11 亿 m³。计算采用淤积物干容重 1.3 t/m³。

第三章 巴家嘴水库高含沙水流
泥沙运动机理

巴家嘴水库干流1950年10月~1996年9月平均流量4.14 m³/s,年平均含沙量218 kg/m³,其中7~8月平均流量11.38 m³/s,平均含沙量373 kg/m³。主要支流蒲河年平均流量3.49 m³/s,年平均含沙量215 kg/m³,其中7~8月平均流量9.63 m³/s,平均含沙量366 kg/m³。另一支流黑河年平均流量0.65 m³/s,年平均含沙量236 kg/m³,其中7~8月平均流量1.75 m³/s,平均含沙量412 kg/m³,汛期入库洪水的多年平均含沙量达499 kg/m³。干流年平均悬移质中数粒径0.022 mm,其中支流蒲河年平均悬移质中数粒径0.022 mm,支流黑河年平均悬移质中数粒径0.021 mm。洪水多发生在7月中旬至9月中旬,洪峰陡涨陡落,峰高量小,含沙量高,输沙量大。一次洪水历时20 h左右,涨峰历时2 h左右。最大洪峰流量可达13 800 m³/s(调查1841年值),实测最大流量5 650 m³/s(1958年7月14日)。蒲河入库站姚新庄站悬移质泥沙粒径小于0.025 mm的占总沙量的48.8%~63.1%,小于0.1 mm的占总沙量的92%~99.7%;黑河入库站太白良站悬移质泥沙粒径小于0.025 mm的占总沙量的47.7%~57%,小于0.1 mm的占总沙量的94.3%~99.4%。

一、巴家嘴水库入库洪水运动特性

因巴家嘴水库较短,入库悬移质含沙量大、颗粒较细,洪水期极易形成宾汉流体性质的高含沙水流。当高含沙量水流的细颗粒($d<0.01$ mm)占有一定的比例(巴家嘴水库小于0.01 mm的泥沙量占总沙量的27.5%)时,形成三维网架结构体。洪水进入壅水区后以高含沙异重流的形式向前推进。据巴家嘴水库实测资料分析,高含沙水流潜入点以上,表面平静,且有1~2 mm的清水层。潜入点以下200~300 mm高含沙异重流向坝前推进,形成具有一定的纵比降、横向平坦的清浑水交界面。清浑水交界面以下1~2 mm的含沙量高达100 kg/m³;异重流层含沙量一般达300~500 kg/m³。异重流有三种流动类型:①底层异重流,含沙量300~400 kg/m³;②浑水水库孔口吸流型异重流,这是巴家嘴水库常见的一种异重流,含沙量一般为300~500 kg/m³;③具有底部停滞层的异重流,这种异重流含沙量很高,一般大于500 kg/m³。巴家嘴水库异重流具有掺混作用微弱、沿程流速小、坝前段流速较大(受孔口吸流影响)的流动特性。

巴家嘴水库高含沙水流流速、含沙量及泥沙粒径的垂线分布特点是,最大流速在清浑水交界面以下;当含沙量大于400 kg/m³时,含沙量及粒径分布均匀;无论是高含沙浑水明流,还是高含沙异重流,经常形成流核现象;坝前附近似管道流速分布。

二、巴家嘴水库输沙特性

巴家嘴水库高含沙水流的输沙特性:高含沙洪水入库时,只要水库水位上涨率大于

0.3 m/h,泥沙就不容易沉积,清浑水交界面也随着上升;由于泄水洞低于坝前淤积面,出库含沙量常大于入库含沙量,发生"浓缩沉降"和"浓缩排沙";当出库流量与入库流量之比大于10%时,浓缩含沙量排沙比约为110%($S_{出}/S_{入}$),但因出库流量远小于入库流量,出库沙量远小于入库沙量,库区滩地和河槽均发生大量泥沙淤积,库区全断面平行淤高。在巴家嘴水库入库洪水含沙量很大时,曾观察到洪峰忽然降落、流速迅速减小,以致整体水流不能再保持流动状态而发生停滞不前的现象,这种现象称之为"浆河"。在浆河发生阶段,水流中的含沙量很大,并且持续一定时间,由于水流的黏滞力超过了水流本身的拖曳力,水流发生了突然停滞下来的现象。这种停滞现象经历一定时间后,因上游来水不断积存,河段的水深和水面比降增加,使水流的剪切力再次超过边界阻力,水流重新恢复流动。此时,由于水体的突然释放,将产生一个比较陡峻的洪峰,同时河道中的水深和比降逐渐恢复到原有状态,浆河有可能再一次发生。在水流和含沙量条件变化不大的情况下,浆河和开河现象可能反复出现,出现流一阵、歇一阵的间歇流或者叫阵流现象。

水库高含沙水流,常常以泥浆淤积体形式聚集在滩地上和河槽内。这种淤积体沿横断面表面水平,沿纵断面则有一定坡度。这种泥浆淤积物是由水中浆河或异重流形成的。这种流动多半是层流,流速可能很小,会流经一段距离,但所需时间较长。由于高含沙水流挟带着大量的泥沙,因此当水流一旦丧失输送条件时,水库中就会产生严重的淤积和强烈的滩槽平行淤高,损失大量库容。在输送高含沙水流时,要控制黏性颗粒和全沙含沙量,防止水流因黏性过大而进入层流状态。当高含沙水流为紊流型水沙两相流时,保持水库水流沿程挟沙能力十分重要。水库宽浅的河段中,具有宽阔的滩地,高含沙洪水漫滩后,由于滩地上水流挟沙力低,泥沙大量落淤,落淤后水流回流至河槽,降低了河槽水流的含沙浓度和黏性,使泥沙分选落淤的过程进一步增强。而在水库窄深的河段中,由于水流集中,流速大且分布相对均匀,可以稳定输送高含沙水流。

上述巴家嘴水库高含沙水流输沙特性,在表3-1中有所反映。表3-1为巴家嘴水库1979~1984年高含沙水流流变试验的部分成果。从表中可看出巴家嘴水库高含沙水流在水库中的运动特性和输沙特性,水流流速时有时无、时大时小地变化,呈现阵流现象,浆河、开河交替出现。

图3-1~图3-4为巴家嘴水库坝上断面(距坝80 m)固定垂线含沙量、悬移质泥沙中数粒径分布图(泥沙沉降过程)。图中分别给出水库两次滞洪运用、两次蓄水运用中,涨峰—峰顶—落峰初—落峰后,含沙量、悬移质泥沙中数粒径垂线分布变化情况。图中同时给出清水层深度增大的过程和河床淤泥面升高的过程。可以看出:①水库滞洪运用和蓄洪运用时,高含沙水流入库都发生悬移质泥沙沉降落淤,使河床淤积抬高;②随着清浑水交界面的下降,清水层深度不断增大,最后清浑水交界面降至接近河底;③高含沙水流发生"浓缩沉降",使底部含沙量急剧增大,悬移质泥沙中数粒径显著增大,形成"浓缩排沙",使出库含沙量、悬移质泥沙中数粒径显著增大;④高含沙水流泥沙在坝前落淤明显,粗、细泥沙均有沉降;⑤虽然高含沙水流的"浓缩沉降"和"浓缩排沙"使出库含沙量增大,甚至大于入库含沙量,但是由于水库泄流能力小,泄出流量小,因而出库沙量远小于入库沙量,使水库严重淤积;⑥滞洪运用比蓄洪运用排沙能力大,水库滞洪运用时,高含沙水

表 3-1　巴家嘴水库 1980～1981 年高含沙水流流变试验成果

取样号	颗分号	取样日期			取样位置	含沙量（kg/m³）	pH 值	流量（m³/s）	垂线平均流速（m/s）	中数粒径（mm）
		月	日	时:分						
80 – 1	黏 1	7	13	9:36	蒲 5 主槽	414	7.6	7.90	0.530	0.025
80 – 2	黏 2			11:06	蒲 3 主槽	438	7.8	10.1	0.640	0.021
80 – 3	黏 3			12:51	蒲 1 主槽	432	7.6	15.0	0.070	0.022
80 – 4	黏 4			17:06	蒲 6 主槽	287	7.6	30.0	0.600	0.016
80 – 5	黏 5			18:36	蒲 5 主槽	303	7.6	36.5	0.225	0.014
80 – 6	黏 6			19:24	蒲 3 主槽	346	7.8	40.1	0.063	0.018
80 – 7	黏 7		14	09:30	姜家沟口	199	7.8	4.10	0.494	0.008
80 – 8	黏 8			11:48	蒲 3 主槽	56.5	7.8	3.90	0.063	0.014
80 – 9	黏 9			12:40	蒲 1 主槽	67.0	7.8	3.80	0.004	0.004
80 – 10	黏 10		19	08:24	蒲 1 主槽	404	7.8	57.2	0.750	0.023
80 – 11	黏 11			09:20	蒲 5 主槽	472	7.8	57.2	0.480	0.022
80 – 12	黏 12			10:00	蒲 3 主槽	296	7.8	57.2	0.330	0.020
80 – 13	黏 13			11:32	蒲 1 主槽	221	7.8	57.2	0.320	0.011
81 – 1			30	13:55	蒲 3 主槽	658	7.6	8.94	0.194	0.022
81 – 2				13:55	蒲 3 主槽	755	7.6	8.94	0	0.027
81 – 3				16:35	蒲 1 主槽	581	7.6	9.68	0.028	0.023
81 – 4				16:35	蒲 1 主槽	803	7.6	9.68	0	0.027
81 – 5			31	08:30	蒲 5 主槽	793	7.6	12.3	0.060	0.025
81 – 6				09:30	蒲 3 主槽	326	7.6	12.3	0.033	0.015
81 – 7				09:30	蒲 3 主槽	766	7.6	12.3	0	0.025
81 – 8				10:30	蒲 1 主槽	646	7.6	12.3	0	0.025
81 – 9		8	15	17:12	蒲 7 滩地	297	7.6	81.4	0	0.011
81 – 10				17:12	蒲 7 滩地	230	7.6	81.4	0	0.010
81 – 11				17:12	蒲 7 滩地	550	7.6	81.4	0.424	0.021
81 – 12			16	9:40	蒲 7 滩地	209	7.6	80.6	0.014	0.008
81 – 13				10:10	蒲 7 滩地	226	7.6	80.3	0.018	0.008
81 – 14				11:30	蒲 3 主槽	281	7.6	79.2	0.248	0.011
81 – 15				12:50	蒲 3 滩地	168	7.6	79.0	0	0.003
81 – 16				12:50	蒲 3 滩地	523	7.6	79.0	0.199	0.021

取样号	颗分号	取样日期			取样位置	含沙量（kg/m³）	pH	流量（m³/s）	垂线平均流速（m/s）	中数粒径（mm）
		月	日	时:分						
81 – 17		8	16	13:30	蒲 5 右滩	181	7.6	78.7	0.016	0.004
81 – 18				14:18	蒲 7 右滩	166	7.6	78.3	0.031	0.005
81 – 19				14:20	蒲 7 右滩	142	7.6	78.3	0	0.004
81 – 20				14:20	蒲 7 右滩	411	7.6	78.3	0.137	0.013
81 – 21				15:18	蒲 9 主槽	180	7.6	77.8	0.034	0.006
81 – 22				15:30	蒲 9 主槽	192	7.6	77.7	0	0.004
81 – 23				15:30	蒲 9 主槽	426	7.6	77.7	0.114	0.015
81 – 24				17:30	蒲 13 主槽	230	7.6	77.5	0	0.004
81 – 25			17	10:40	蒲 13 主槽	297	7.6	74.1	0.26	0.016
81 – 26				11:40	蒲 9 右滩地	256	7.6	74.0	0	0.005
81 – 27				12:00	蒲 9 主槽	130	7.6	75.0	0	0.004
81 – 28				12:20	蒲 9 主槽	428	7.6	75.0	0	0.017
81 – 29				12:25	蒲 7 主槽	159	7.6	75.1	0	0.004
81 – 30				12:25	蒲 7 主槽	424	7.6	75.1	0.21	0.022
81 – 31				12:55	蒲 7 左滩	315	7.6	75.3	0	0.004
81 – 32				14:50	蒲 5 主槽	178	7.6	75.9	0	0.002
81 – 33				14:50	蒲 5 主槽	404	7.6	75.9	0.21	0.018
81 – 34				14:55	蒲 5 右滩	271	7.6	75.9	0	0.003
81 – 35				15:30	蒲 3 主槽	279	7.6	76.1	0.19	0.008
81 – 36				16:00	蒲 3 右滩	253	7.6	76.3	0.016	0.006
81 – 37				16:45	蒲 1 右滩	176	7.6	76.5	0.024	0.004
81 – 38		9	16	13:15	蒲 13 主槽	292	7.6	68.3	0.192	0.022
81 – 39				14:40	蒲 9 主槽	310	7.6	68.3	0.189	0.002 7
81 – 40				15:40	蒲 5 主槽	252	7.6	68.3	0.109	0.016
81 – 41				16:40	蒲 3 主槽	170	7.6	68.3	0.205	0.015

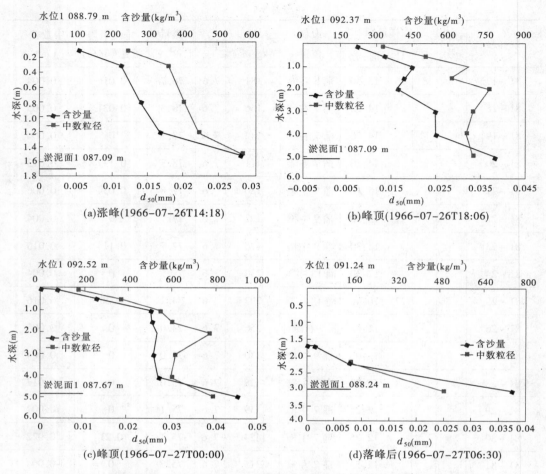

图 3-1　巴家嘴水库距坝 80 m 断面固定垂线含沙量、悬移质泥沙中数粒径分布
（1966 年 7 月 26～27 日，水库滞洪运用）

流含沙量和悬移质泥沙中数粒径垂线分布相对较均匀，浓缩沉降慢，水库蓄洪运用时，高含沙水流含沙量和悬移质泥沙中数粒径垂线分布不均匀，浓缩沉降快。

由上述分析，高含沙水流入库，无论是滞洪运用还是蓄洪运用，水库都将发生淤积。泄流规模不足，限制了出库流量，加重了水库淤积。从减少水库淤积，保持长期有效库容的角度出发，滞洪运用优于蓄洪运用。因此，高含沙水流水库运用要坚持主汛期洪水期空库迎洪、敞泄滞洪排沙，且要有足够大的泄流规模，发挥高含沙水流挟沙能力大的作用，减少水库泥沙淤积。

三、巴家嘴水库高含沙水流流变特性

巴家嘴水库高含沙水流为非牛顿流体，属宾汉性质的流体。高含沙水流仍然有层流、层流向紊流过渡和紊流三种类型。高含沙洪水入库后，同一般挟沙水流一样，既可能造成淤积，又可能被利用以排沙，甚至造成库区冲刷。所以，水库调度运用恰当与否，对水库的影响是很大的。

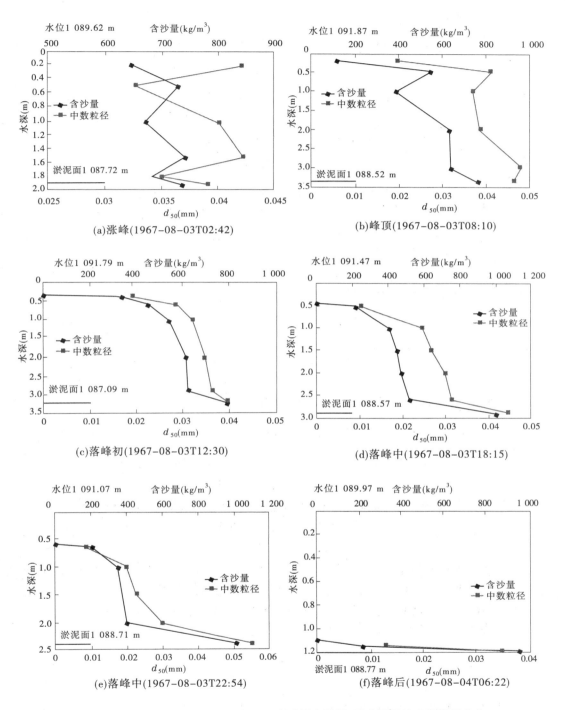

图 3-2 巴家嘴水库距坝 80 m 断面固定垂线含沙量、悬移质泥沙中数粒径分布

(1967 年 8 月 3~4 日,水库滞洪运用)

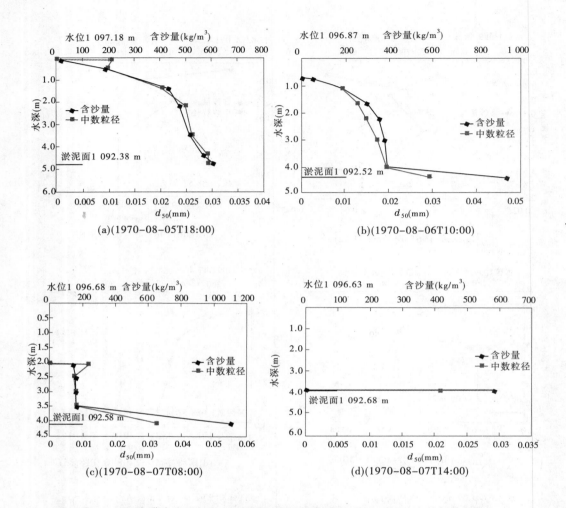

图 3-3　巴家嘴水库距坝 80 m 断面固定垂线含沙量、悬移质泥沙中数粒径分布
（1970 年 8 月 5 ~ 7 日，水库蓄水运用）

　　一定颗粒级配的浑水，在其含沙浓度不高时，属于牛顿流体，它符合"流体各层间发生相对运动所产生的单位面积上的切应力，与相邻两层的横向速度坡成正比"的规律，这是牛顿 1723 年给出的确定流体内摩擦力用的物理力学原理，称为牛顿定律。服从这一定律的流体称为牛顿流体，其内部剪切应力的表达式为：

$$\tau = \mu \frac{\mathrm{d}u}{\mathrm{d}y}$$

式中：μ 为流体的黏滞系数。

　　上式表达剪切应力和流速梯度之间的关系，此数学方程称为流变方程。

　　当水流中含沙量（特别是细颗粒含量）超过一定限度以后，剪切应力和流速梯度之间的关系不再符合牛顿定律，这类流体称为非牛顿流体。常见的非牛顿流体分为三大类，即

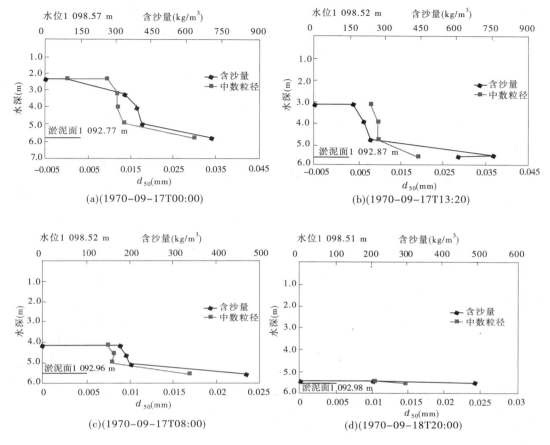

图 3-4 巴家嘴水库距坝 80 m 断面固定垂线含沙量、悬移质泥沙中数粒径分布
(1970 年 9 月 17～18 日,水库蓄水运用)

宾汉体:

$$\tau = \tau_B + \eta \frac{\mathrm{d}u}{\mathrm{d}y}$$

式中:τ 为流体内部剪切应力;$\frac{\mathrm{d}u}{\mathrm{d}y}$ 为流速梯度;τ_B 为宾汉极限剪切应力;η 为黏滞系数或称刚度系数。

伪塑性体:

$$\tau = K\left(\frac{\mathrm{d}u}{\mathrm{d}y}\right)^m$$

式中:K 为稠度系数,m 为塑性指数,$m < 1.0$。

膨胀体:

$$\tau = K\left(\frac{\mathrm{d}u}{\mathrm{d}y}\right)^m$$

式中:$m > 1$。

常见的非牛顿体为宾汉体,巴家嘴水库高含沙水流属宾汉流体。巴家嘴水库高含沙水流的宾汉极限切应力,在黄河水利委员会水文局 1989 年 8 月出版的《黄河高含沙水流流变试验资料汇编》(1979～1984 年)中予以刊布。

图 3-5 为巴家嘴水库高含沙水流的宾汉极限切应力 τ_B 与含沙量和悬移质中数粒径的关系。图中按悬移质中数粒径(< 0.01 mm、0.01～0.02 mm、0.02～0.03 mm、0.03～0.04 mm、>0.04 mm)将宾汉极限切应力与含沙量关系的平均线带划分成 5 条,可以看出巴家嘴水库高含沙水流宾汉极限切应力随含沙量的增加、泥沙中数粒径的减小而增大。

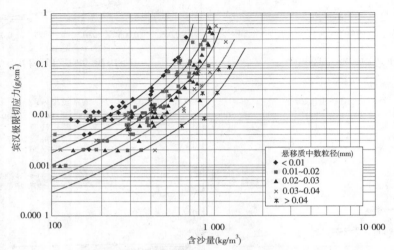

图 3-5　巴家嘴水库实测宾汉极限切应力 τ_B 与含沙量及悬移质中数粒径关系

(1979～1984 年)

图 3-5 所示关系可应用于生产,研究水流底部切应力 $\tau_0 = \gamma' h i$ 和宾汉极限切应力的对比关系问题,从而研究巴家嘴水库高含沙水流流动问题。

如前所述,巴家嘴水库高含沙水流有间歇流(阵流)及浆河问题。无论巴家嘴水库高含沙洪水漫滩,还是在河槽内流动,都需研究高含沙水流的流动、不流动和落淤沉积问题。即研究水流底部切应力 $\tau_0 = \gamma' h i$ 大于、等于和小于宾汉极限切应力 τ_B 的情况(式中 γ' 为浑水容重,h 为水深,i 为水面比降)。

含有泥沙的高浓度流体只有克服宾汉极限切应力才能流动,即只有 $\tau_0 > \tau_B$ 时才能流动。

根据窦国仁的试验研究成果,绘制的高含沙水流间歇流动时 τ_B 与 τ_0 关系图如图 3-6 所示。图中 45°线以上为流动区域,45°线以下为静止区域。当 $\tau_0 > \tau_B$ 时,流体流动;当 $\tau_0 < \tau_B$ 时,流体静止;当 τ_0 与 τ_B 相近时,则出现间歇流的流动状态。

如果库段开阔,高含沙水流上滩后,由于水浅坡缓,此时底部切应力很可能小于宾汉极限切应力(宾汉切应力),而形成浆河(或滞流层),使泥沙全部淤下;在滩面形成浆河,泥沙大量淤积的同时,主槽可能发生冲刷。当高含沙水流不上滩而在河槽内流动时,同样需要研究水流底部切应力与宾汉切应力的关系问题,以判断河槽高含沙水流的流动或浆河或出现间歇流问题,研究河槽高含沙水流的输送和淤积问题。

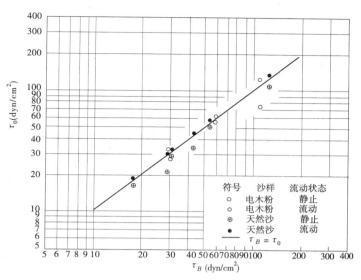

图 3-6   间歇流动时 τ_B 与 τ_0 关系图

巴家嘴水库高含沙水流的宾汉切应力是客观存在的,它是由来水来沙条件决定的。巴家嘴水库的调度运用方式和增大泄流规模工程,就是为了使高含沙水流的底部切应力大于宾汉极限切应力而使水流发生流动,减少淤积,甚至不淤积,或发生冲刷。

巴家嘴水库增大泄流规模也是有一定限制的,如在除险加固增建溢洪道方案 7 工程实施后,库区滩地淤积抬高要减缓,淤积抬高的高程要降低,但还是要淤积抬高的,只是要控制滩面高程在 1 118 m 附近,形成较大槽库容,使 50 年一遇洪水不上滩后,才能使巴家嘴水库的库区滩面高程接近"极限"状态,高含沙水流基本上在槽库容流动,河槽较窄深,水流较集中,有利于发挥高含沙水流挟沙能力大的输沙作用,从而保持槽库容内有冲有淤,冲淤相对平衡,保持水库库容相对稳定。

第四章 巴家嘴水库淤积

第一节 水库淤积形态分析

一、水库淤积纵剖面

巴家嘴水库天然河道河床纵剖面平均比降为 22.8‰。水库从 1961 年开始运用到 2004 年,纵剖面淤积形态为锥体,且平行淤高。图 4-1 是水库运用以来河槽和滩地纵剖面形态变化情况。从图 4-1 中可以看出,库区河床深泓点纵剖面和滩地纵剖面在水库运用

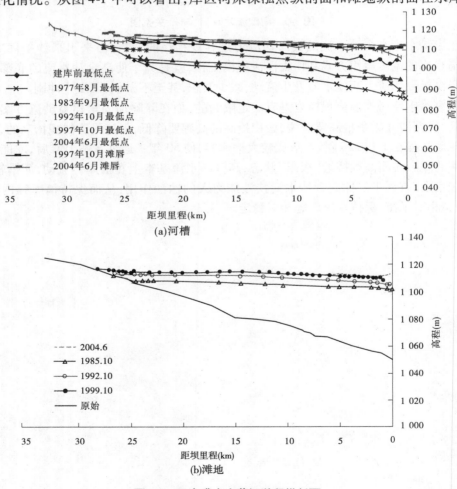

图 4-1 巴家嘴水库蒲河淤积纵剖面

过程中基本上是平行淤积抬高的。但在水库蓄水运用、滞洪排沙、蓄清排浑、降水冲刷的不同运用方式下，河床纵剖面亦有局部不同的变化。其特点如下：水库蓄水运用比降较小；滞洪排沙比降较大；沿程冲刷、降水溯源冲刷比降较大；坝区冲刷漏斗比降大；水库中上段比降较小、中下段比降较大；冲淤平衡比降约为 2.6‰，冲刷平衡比降约为 4.7‰；库区滩比降较均匀；滩槽淤积平衡比降约为 2.6‰；黑河淤积比降较小，冲刷比降较大；黑河淤积平衡比降约为 2.35‰。

二、水库淤积横断面

巴家嘴水库滩槽均为平行淤高。图 4-2 是 1977 年、1980 年和 1992 年实测大断面套绘图。从图 4-2 中看，无论是蒲河还是黑河，滩地、主槽均是平行淤高，滩地宽阔且近似为水平淤积。自库尾至坝前，全河宽度由窄而宽变化。

当汛期蓄水运用和非汛期蓄水运用且来沙较多时，会出现河槽连续萎缩，甚至出现完全被淤平无槽库容的情况，见图 4-3。1990 年 10 月蒲淤 9 断面河槽被淤满，在这种情况下导致小洪水上滩淤积。

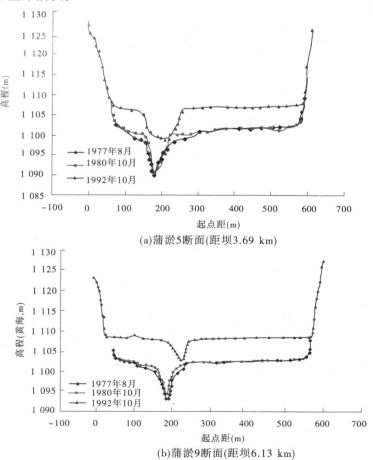

(a)蒲淤5断面(距坝3.69 km)

(b)蒲淤9断面(距坝6.13 km)

图 4-2　巴家嘴库区各断面变化情况

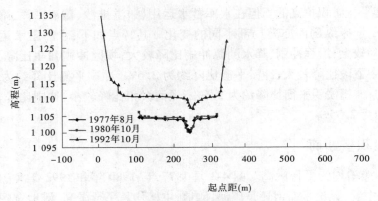

(c)蒲淤23断面(距坝14.46 km)

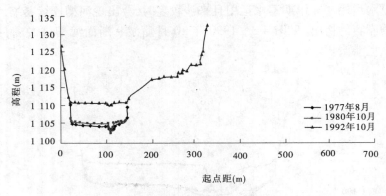

(d)黑淤9断面(距坝13.95 km)

续图4-2

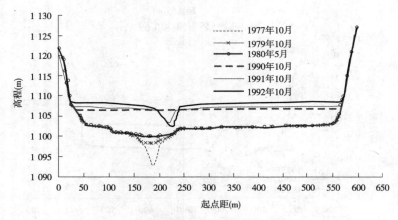

图4-3 蒲淤9断面变化情况

第二节　库容变化

巴家嘴水库初建坝高 58.0 m,经 1964 年、1974 年两次加高后,坝高为 74.0 m,1992 年增建泄洪洞,1997 年建成,校核洪水位 1 124.4 m 以下总库容 5.11 亿 m³,由于泥沙淤积,1992 年 10 月 1 124.4 m 高程以下相应库容为 2.52 亿 m³,库容损失了 2.59 亿 m³,损失量为总库容的 50.7%;1997 年 10 月 1 124.4 m 高程以下相应库容为 1.98 亿 m³,库容损失了 3.13 亿 m³,损失量为总库容的 61.3%;2004 年汛前 1 124.4 m 高程以下相应库容为 1.85 亿 m³,库容损失了 3.26 亿 m³,损失量为总库容的 63.8%。各时期库容曲线见图 4-4。

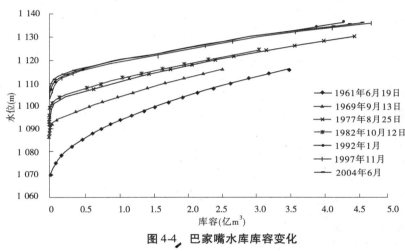

图 4-4　巴家嘴水库库容变化

第三节　各时期槽库容变化

巴家嘴水库各时期槽库容变化情况见表 4-1。

巴家嘴水库分别于 1965～1969 年、1974～1977 年进行了两次泄空排沙,第一次泄空排沙期,河槽未形成规模,槽库容最大仅为 95 万 m³,第二次泄空排沙期,形成了与增建泄洪洞前泄流规模相适应的河槽,最大槽库容为 523.6 万 m³。1978 年水库开始蓄清排浑运用,由于泄流规模限制,从长期变化情况看,滩槽同步抬高,槽库容基本维持在 300 万～500 万 m³,1992 年以后,进入增建泄洪洞施工期,同时因地方用水要求,汛期有蓄水,由于此时巴家嘴水库及巴家嘴水文站均交地方管理,在地方技术力量和资金均缺乏的情况下,1992～1997 年之间未进行库区测量。1997 年 10 月～1999 年 10 月,虽然新建泄洪洞已投入运用,但由于施工围堰清除不彻底及未来大水、刷槽期短等原因,未形成与增建泄洪洞后泄流能力相应的河槽,其槽库容仍在 300 万～500 万 m³ 范围内。施工围堰清除后,槽库容增加到 700 万 m³ 左右,2003 年 6 月实测槽库容为 536 万 m³,为经过一个非汛期淤积后的槽库容,按一个非汛期淤积 200 万 m³,泄洪洞打开后这一部分槽库容将得到恢复,其槽库容仍为 700 万 m³ 左右。

表 4-1　巴家嘴水库槽库容变化分析

时间	槽库容 (万 m³)	滩面高程 (黄海,m)	姚新庄最大洪峰流量 (m³/s)	水库运用方式	泄流设施	还原后最大入库洪峰流量 (m³/s)
1965 年 8 月	33.3	1 087.5				
1966 年 5 月	42.5	1 089.7	1.29	第一次泄空排沙期自然滞洪		
1967 年 5 月	69.4	1 090.2	496			1 630
1968 年 5 月	95	1 090.5	1 230			750
1969 年 6 月	57.1		730			1 090
1974 年 1 月	219.7	1 095		第二次泄空排沙期自然滞洪		
1975 年 5 月	499.1	1 095	122			130
1976 年 5 月	441	1 095.4	543			320
1977 年 5 月	469.9	1 096	99.1			200
1977 年 8 月	523.6	1 096	2 200			3 350
1978 年 5 月	540.2		124		1 个泄洪洞、1 个输水洞	
1978 年 10 月	472		627			520
1979 年 5 月	520.9		1.56			
1980 年 5 月	324.3		631			495
1980 年 10 月	538.6		283			200
1981 年 5 月	525.6		4.3	蓄清排浑,7 月 1 日至 9 月 15 日空库迎洪		
1982 年 10 月	484.9		600			380
1983 年 10 月			618			780
1984 年 10 月			799			1 800
1985 年 10 月			1 080			550
1986 年 4 月	271.9	1 101.5				
1986 年 10 月	394.6	1 101.7	1 530			2 030
1988 年 10 月	384.3	1 103.3	419			759
1989 年 9 月	277.3	1 103.5	216			141
1991 年 10 月	516.1	1 105.1	496			620
1992 年 10 月	653	1 105.4	1 700			2 190
1997 年 10 月	365	1 110	1 600	1992 年以后非汛期蓄水,汛期 7 月 20 自至 8 月 20 日空库迎洪	2 个泄洪洞、1 个输水洞	1 400
1999 年 10 月	425	1 110	545			719
2002 年 12 月	740	1 112				
2004 年 6 月	536	1 112				762

第四节　滩槽同步抬高原因分析

一、泄流规模不足

巴家嘴水库泄流能力见表 4-2,1997 年增建泄洪洞前,巴家嘴水库最大泄流能力仅 104.7 m³/s(1 125 m 高程泄量),相应汛限水位 1 100 m 高程泄量为 60.4 m³/s,与来水情况相比泄流能力远远不足;1997 年新增泄洪洞建成后,即巴家嘴水库现状最大泄流能力为 612.6 m³/s(1 125 m 高程泄量),相应汛限水位 1 100 m 泄量为 340.7 m³/s,相应滩面高程 1 112 m 泄量为 489.7 m³/s,仍不能满足泄洪要求。巴家嘴水库多年平均洪峰流量

表 4-2　1997 年增建泄洪洞前后泄流能力

水位(m)		1 085	1 090	1 095	1 100	1 105	1 110
泄量 (m³/s)	增建前	0	27	46.8	60.4	71.5	81.1
	增建后	0	1 09.6	253.4	340.7	409.8	468.8
水位(m)		1 115	1 120	1 124	1 125	1 130	1 135
泄量 (m³/s)	增建前	89.6	97.5		104.7		
	增建后	521.1	568.8	604.1	612.6	653.2	688.5

为 1 186 m³/s,5 年一遇洪水洪峰流量为 1 920 m³/s,10 年一遇洪峰流量为 3 450 m³/s。由于泄流能力不足,造成高含沙洪水在河槽内滞留时间过长,虽然高含沙洪水的流变特性发生了改变,但是由于流速太小,实测资料表明巴家嘴水库自然滞洪状态下水流流速几乎为零,形成浆河。虽然洪水期出库含沙量很大,但仍然造成河槽内泥沙淤积,由于洪水过后巴家嘴水库来水流量非常小,且水库来沙相对较细,黏粒含量较大,大洪水泥沙淤积量大,使汛期河槽淤积较难冲刷。另由于泄流能力不足,槽蓄量较小,常遇洪水即漫滩,洪水漫滩后即形成滩地淤积。

二、非汛期来沙量较大,汛期冲刷时间不足

从前述巴家嘴入库来水来沙特性知,来沙以主汛期为主,7~8 月来沙量占年均来沙量的 78.8%,7~9 月来沙量为年来沙量的 86.2%。但是由于巴家嘴水库年来沙总量大,有效库容及槽库容小,相对有效库容及槽库容来说非汛期来沙量仍然显得较大。就巴家嘴水库多年平均情况而言,多年平均 9 月~次年 6 月来沙量为 576 万 t,按全部淤积在河槽内计,以新近淤积物干容重为 1 t/m³ 计,约合 576 万 m³;多年平均 10 月~次年 6 月来沙量为 392 万 t,按全部淤积在河槽内计约合 392 万 m³。非汛期淤积量与槽库容基本相当。加之基流流量小,1992 年以后汛期泄空冲刷时间缩短,不能够将年内河槽淤积物全部排出,甚至造成河槽淤满。

三、滩槽同步抬高的形成

泄流规模不足,非汛期来沙量大,造成非汛期及自然滞洪期河槽淤积量过大,无法形成蓄清排浑水库所特有的高滩深槽,而仅仅能形成与泄流规模相应的河槽,从而形成了滩槽同步抬高的局面。

第五章　庆阳市水资源问题

第一节　庆阳市概况

一、自然概况

（一）地理位置

庆阳市位于甘肃省东部,介于东经 106°45′~108°45′与北纬 35°10′~37°20′之间,东邻陕西,南接甘肃平凉市,西北与宁夏自治区毗邻,东西长 208 km,南北宽 207 km,总土地面积 27 119 km²,辖西峰区、庆城县、环县、华池县、合水县、正宁县、宁县、镇原县等 1 区 7 县。

（二）地形地貌

庆阳市属黄河中游黄土高塬沟壑区,地形北高南低,东倚子午岭,北靠羊圈山,西接六盘山,四周高而中间低,故有"陇东盆地"之称。区内分为北部黄土丘陵沟壑区、中部黄土残塬丘陵沟壑区、南部黄土高塬沟壑区和东部子午岭低山梁峁区。北部黄土丘陵沟壑区海拔 1 700 m 以上,最高达 2 082 m,该区丘陵起伏,沟壑纵横,山高坡陡,地广人稀,植被较差,土地面积 7 120 km²,占全区面积的 26.3%;中部黄土残塬丘陵沟壑区海拔 1 400 ~ 1 700 m,地形破碎,沟壑纵横密布,该区以残塬梁峁、丘陵为地形特征,土地面积 8 230 km²,占全区面积的 30.3%;南部黄土高塬沟壑区,海拔 885 ~ 1 500 m,该区以塬为主,沟塬相间,黄土厚度 100 ~ 150 m,是庆阳地区的主要产粮区,土地面积 7 581 km²,占全区面积的 28.0%;东部子午岭低山梁峁区,区内降雨丰富,植被良好,海拔 1 500 ~ 1 700 m,土地面积 4 188 km²,占全区面积的 15.4%。

（三）气候

庆阳地处中纬度地带,深居内陆,属大陆性气候。降雨量南部多北部少,年内分配不均,年际间变化大。年平均降水量 480 ~ 660 mm,约 60% 的降水集中在 7、8、9 三个月,冬春降水稀少,10 月 ~ 次年 4 月降水量仅占年降水量的 14% ~ 28%。由于黄土高原沟壑切割,大部分降水形成洪水径流流走,旱灾经常发生。

气温南部高于北部,年平均气温 7 ~ 10 ℃,无霜期 140 ~ 180 d,年日照时数 2 250 ~ 2 600 h,地面年平均蒸发量 520 mm。全市光热水组合条件良好,利于多种动、植物繁衍生长,尤其是发展经济林具有独特的地域优势。

（四）河流水系

庆阳市分属黄河流域的泾河、洛河、清水河和苦水河四个流域,流域面积分别为 23 855 km²、2 330 km²、658 km² 和 276 km²,分别占庆阳市总面积的 88.0%、8.6%、2.4% 和 1.0%。市内有泾河支流马莲河、蒲河、洪河及洛河支流葫芦河等几条主要河流。

二、经济社会概况

庆阳市总土地面积 27 119 km²,辖 7 县 1 区,145 个乡(镇)。截至 2000 年末,全市总人口 251.46 万人,其中农业人口 222.71 万人,占总人口的 88.6%。耕地面积 43.76 万 hm²,农业人均占有耕地 0.20 hm²,有效灌溉面积 3.60 万 hm²,实灌面积 2.76 万 hm²。2000 年粮食产量 69.82 万 t,人均占有粮食 278 kg,低于全国平均水平;国内生产总值(GDP)为 57.03 亿元,人均 GDP 为 2 268 元;工业增加值 23.21 亿元,农林牧渔业增加值 15.01 亿元;大牲畜 49.69 万头,小牲畜 196.21 万头(只)。

庆阳市是一个传统的农业地区,是有名的烤烟生产基地,作物以半干旱的小麦、玉米等为主。区内蕴藏着丰富的矿藏,除储量丰富的石油、天然气之外,煤炭资源也十分丰富。已探明石油储藏量 14 327 万 t,年产原油 180 多万 t。新近探明的西峰油田开发前景诱人,含油面积 800 km²,地质储量 5 000 万 t 以上。

第二节　水资源量

一、地表水资源量

地表水资源量是指河流、湖泊、冰川等地表水体中由当地降水形成的、可以逐年更新的动态水量,用河川天然径流量表示。降水是庆阳市内河流的主要补给形式,全市多年平均地表水资源量 7.80 亿 m³。其中泾河流域 7.14 亿 m³,占总地表水资源量的 91.5%;洛河流域 0.58 亿 m³,占 7.5%;清水河、苦水河流域 0.08 亿 m³,占 1.0%。

由于庆阳市境内大部分土地植被稀少,黄土裸露,甚至沙化,径流年际年内分配极不均匀,超过 50% 的洪水因高含沙原因而难以利用。同时,由于清水河、苦水河以及纵贯庆阳市南北的马莲河(最高矿化度达 13 g/L)均为苦水,没有利用价值,所以庆阳市地表水资源可利用量非常有限。

二、地下水资源量及其可开采量

地下水资源量是指降水和地表水对饱水岩土层的补给量,包括降水入渗补给量和河道、湖库、渠系、渠灌田间等地表水体的入渗补给量等。地下水可开采量是指在可预见的时期内,通过经济合理、技术可行的措施,在不致引起生态环境恶化条件下允许从含水层中获取的最大水量。庆阳市 1980～2000 年平均地下水资源量(矿化度小于 2 g/L)为 2.65 亿 m³,可开采量仅有 1 884 万 m³。

三、水资源总量

庆阳市多年平均水资源总量为 8.31 亿 m³,其中地表水资源量 7.80 亿 m³,地表水与地下水之间不重复计算量 0.51 亿 m³。从地区分布来看,泾河流域 7.65 亿 m³,占庆阳市多年平均水资源总量的 92.1%;洛河流域 0.59 亿 m³,占 7.1%;清水河、苦水河流域仅有 0.07 亿 m³,占 0.8%。

第三节 水资源开发利用现状

一、供水基础设施

(一)地表水供水设施

地表水供水设施主要包括蓄水工程、引水工程和提水工程三类。

1. 蓄水工程

截至 2000 年底,庆阳市内共有大型水库 1 座、中型水库 1 座、小型水库 21 座、塘坝 9 座,全部位于泾河流域,设计总供水能力 11 276 万 m^3,现状总供水能力 6 635 万 m^3。其中的大型水库为巴家嘴水库,该水库位于泾河支流蒲河中下游,原为拦泥试验库,目前以防洪保坝、城市供水为主,兼顾灌溉控制流域面积 3 478 km^2,坝址处多年平均径流量 1.306 亿 m^3,总库容 5.10 亿 m^3,兴利库容 3.375 亿 m^3,设计供水能力 5 455 万 m^3,现状供水能力 4 100 万 m^3。

2. 引水工程

截至 2000 年底,庆阳市内共有引水工程 158 处,均为小型工程,其中泾河流域 143 处。总设计引水规模 184.34 m^3/s,设计供水能力 13 605 万 m^3,现状供水能力 12 590 万 m^3。

3. 提水工程

庆阳市现有提水工程 827 处,其中泾河流域 808 处。总提水规模 9.58 m^3/s,设计供水能力 5 230 万 m^3,现状供水能力 4 623 万 m^3。

(二)地下水供水设施

据统计,2000 年庆阳市地下水供水设施只有浅层地下水生产井,数量 1 395 眼,均为配套机电井,其中泾河流域 1 380 眼。现状总供水能力 6 272 万 m^3。

(三)其他供水设施

2000 年庆阳市有集雨工程 445 728 处,年利用量 1 579 万 m^3。其中泾河流域 387 166 处,年利用量 922 万 m^3;洛河流域 38 296 处,年利用量 593 万 m^3;清水河和苦水河流域 20 266 处,年利用量 64 万 m^3。

二、供水量

据统计,2000 年庆阳市各类工程总供水量 25 443 万 m^3,其中地表水 17 979 万 m^3,占总供水量的 70.66%;地下水 6 273 万 m^3,占总供水量的 24.66%;其他供水量 1 191 万 m^3,占 4.68%。由此可见,市内以地表水供水为主。

地表水源供水量中,蓄水工程供水量 2 645 万 m^3,占地表供水量的 14.71%;引水工程供水量 10 832 万 m^3,占地表供水量的 60.25%,为主要供水水源;提水工程供水量 4 502 万 m^3,占地表供水量的 25.04%。地下水源供水量全部为浅层淡水。各类工程供水量见表 5-1。

表 5-1　2000 年庆阳市各类供水工程供水量统计　　　　（单位:万 m^3）

分区	地表水源供水量				地下水源供水量			其他水源供水量			合计
	蓄水	引水	提水	小计	浅层淡水	深层承压水	小计	污水处理再利用	集雨工程	小计	
清水河、苦水河流域		205		205	49		49		64	64	318
洛河流域		258	15	273	97		97		76	76	446
泾河流域	2 645	10 369	4 487	17 501	6 127		6 127		1 051	1 051	24 679
合计	2 645	10 832	4 502	17 979	6 273		6 273		1 191	1 191	25 443

三、用水量

2000 年庆阳市各部门总用水量 25 443 万 m^3,其中农田灌溉用水 13 335 万 m^3,占总用水量的 52.41%,为主要用水户;工业用水 6 349 万 m^3,占总用水量的 24.95%;城镇生活用水 1 816 万 m^3,占总用水量的 7.14%;农村生活用水 3 943 万 m^3,占总用水量的 15.50%。总用水量中,地表水用水量 19 171 万 m^3,占总用水量的 75.35%;地下水用水量 6 272 万 m^3,占总用水量的 24.65%。各部门用水量见表 5-2。

表 5-2　2000 年庆阳市各部门用水量统计　　　　（单位:万 m^3）

分区	城镇生活用水量			农村生活用水量			工业用水量			农田灌溉用水量			合计		
	地表水	地下水	小计	地表水	地下水	小计	地表水	地下水	小计	地表水	地下水	小计	地表水	地下水	小计
清水河、苦水河流域	8	2	10	85	16	101	27	5	32	149	27	176	269	50	319
洛河流域	1		1	34	9	43	4	1	5	311	86	397	350	96	446
泾河流域	1 357	448	1 805	2 856	943	3 799	4 745	1 567	6 312	9 594	3 168	12 762	18 552	6 126	24 678
合计	1 366	450	1 816	2 975	968	3 943	4 776	1 573	6 349	10 054	3 281	13 335	19 171	6 272	25 443

四、耗水量

毛用水量在输水、用水过程中,通过蒸腾蒸发、土壤吸收、产品带走、居民和牲畜饮用等多种途径消耗掉而不能回到地表水体或地下含水层的水量,简称耗水量。根据该地区农田灌溉特点、工业用水及排水情况、城镇与农村给排水设施等,分析各用水部门用水耗水系数,按照地表水、地下水两种用水水源分析计算,2000 年庆阳市各部门耗水总量为 17 675 万 m^3。其中,农田灌溉 10 581 万 m^3,占 59.86%;工业 2 478 万 m^3,占 14.02%;城镇生活 673 万 m^3,占 3.81%;农村生活 3 943 万 m^3,占 22.31%。详见表 5-3。

表 5-3　2000 年庆阳市各部门耗水量统计　　（单位:万 m³）

分区	城镇生活用水量			农村生活用水量			工业用水量			农田灌溉用水量			合计		
	地表水	地下水	小计	地表水	地下水	小计	地表水	地下水	小计	地表水	地下水	小计	地表水	地下水	小计
清水河、苦水河流域	3	1	4	85	16	101	11	2	13	116	22	138	215	41	256
洛河流域			0	34	9	43	2	1	3	255	74	329	291	84	375
泾河流域	530	139	669	2 856	943	3 799	1 898	564	2 462	7 508	2 606	10 114	12 792	4 252	17 044
合计	533	140	673	2 975	968	3 943	1 911	567	2 478	7 879	2 702	10 581	13 298	4 377	17 675

五、水资源开发利用用水水平分析

庆阳市现状人均综合用水量只有 101 m³/a,城镇居民人均生活用水量114 L/d,农村居民人均生活用水量36 L/d,均低于全国平均水平。万元工业增加值用水量 274 m³/万元,高于全国平均的 168 m³/万元。说明庆阳市由于水资源短缺,制约了当地经济社会的发展,工业比较落后。今后,随着经济发展、人口增加以及人民生活水平的提高,用水结构会有所调整,工业用水和生活用水将出现大幅度上升趋势,在资源量有限的条件下,农业用水势必减少。

六、水资源开发利用中存在的主要问题

(1)水资源极为贫乏,干旱缺水严重。庆阳市多年平均水资源量为 8.31 亿 m³,人均330 m³,仅为全国人均水资源占有量的 14.3%,属严重资源型缺水地区。干旱灾害在庆阳市自然灾害中居首位,"十年九旱,五年一大旱,三年一小旱"是当地的基本特征。

(2)市内主要河流水质差,水污染严重,使有限的水资源难以得到充分利用。流经市内最大的河流马莲河,由于是苦水,对沿河城乡人畜饮水和农田灌溉没有利用价值。另外,自 20 世纪 70 年代长庆油田开发建设以来,区域性水污染日趋严重,据庆阳市环境监测,1986～1995 年的 10 年间,柔远河年均接纳污水 39 万 t,其中工业废水 19 万 t;环江年均接纳污水 280 万 t,其中工业废水 250 万 t。1996 年 7 月庆阳市水资源调查组对石油矿区内 28 口水井进行了抽样调查,水质良好的仅 2 口,占 7.2%;较差的 13 口,占 46.4%;极差的 13 口,占 46.4%,表明潜水水质已受到不同程度的石油污染。

(3)水资源浪费现象严重,节水意识不强。目前,庆阳市大部分灌区仍然以大水漫灌为主,渠道防渗能力差,管灌、喷灌、滴灌等节水灌溉方式尚未完全形成,水资源浪费严重。全市尚没有一家污水处理厂,水资源重复利用率低。

(4)水利工程设施老化失修严重,配套程度低,大多数工程带病运行。目前全市约1/3 的自流渠道已无法通水,1/3 左右的抽水站、机电井处于半瘫痪状态,勉强运行的 6 处

万亩灌区也因设备、设施本身衰老萎缩,难以充分发挥效益。巴家嘴水库病险问题突出,防洪标准持续降低,成为下游人民的心腹之患。

(5)水利工程设施经营管理体制形式单一,重建设轻管理,管理运行机制不活,与现代市场经济机制不相适应。

第四节　实现水资源可持续利用的对策措施

(1)全面规划,统筹兼顾,以水资源合理利用为重点,对水资源进行统一管理。水资源短缺、水质污染等是影响经济社会发展的综合症,坚持兴利除害结合,开源节流并重,防洪抗旱并举,工程措施与非工程措施相结合,充分发挥水的综合功能。在管理体制上,实行城乡水务一体化管理。

(2)建立节水型社会,提高综合效益。从传统的"以需定供"转为"以供定需",重视对水资源的配置、节约和保护,努力提高用水效率和效益。在农业用水方面,积极推广节水灌溉技术,改进灌水方式。在工业方面,限制高耗水企业,提高科技水平和管理水平,改革生产工艺、设备,减少生产中的用水环节,发展工业用水循环回收措施,提高工业用水重复利用率。

(3)坚持可持续发展,竭力整治水环境。在对河流水资源开发利用时,留足生态用水;在地下水超采区,采取封井、回灌、限采等措施;在水污染严重的地区,关、停、并、转部分污染大户或加收水资源防治费,修建污水处理工程;在水资源特别短缺、荒漠化严重的西北部地区,采取封山、迁移及兴建牧区水利等生态用水工程,改善自然环境,提高大自然的自我修复能力,促进人与自然和谐共处。

(4)大力兴建蓄水工程,拦蓄天然降水。庆阳市年平均降水量480~660 mm,降水时空分布不均,约60%的降水集中在7、8、9三个月,大力兴建集雨蓄水窖或者水库塘坝,将天然降水拦蓄起来,以解决水资源不足问题。同时抓紧实施对病险水库的除险加固,做好对巴家嘴、正宁县奄里和镇原县王家湾等水库的维修加固处理方案,使病险水库尽早脱险,发挥其拦蓄天然降水的作用和功能。

(5)分区规划,因地制宜,兴修水利,抗御洪旱灾害。统一规划修建重点河段及城镇的防护工程,加固维修现有病险水库,提高防洪标准及供水能力,进一步勘测论证和建设一批调蓄水库及调水工程项目,增强对水资源的控制能力。对于干旱的西北部地区和广大的山区,结合人畜饮水,全面实施集雨蓄水工程,发展集雨补灌农业,同时对条件极度严酷的地区,迁移人口,保护环境。

(6)治理水土,涵养水源。在植树种草、封山育林的基础上,以淤地坝建设和梯田建设为重点,以减洪减沙、涵养水源为目标,大力兴建水土保持工程,使林草覆盖率进一步提高,生态环境得到基本改善。

(7)跨流域调水,彻底解决庆阳市水资源危机。庆阳市属资源型缺水地区,随着人口增长和经济社会的快速发展,境内自产水量将不能满足其用水需求。因此,应积极创造条件,实施跨流域调水工程,彻底解决庆阳市水资源危机。

第六章 巴家嘴水库出险

第一节 大坝安全鉴定

巴家嘴水库因原建泄洪洞泄量小、水库泥沙淤积严重、初建大坝工程质量较差等原因,被列为全国第一批43座病险库之一。

为了彻底根除大坝险情隐患,根据水利部安排,黄河勘测规划设计有限公司,于20世纪80年代组织进行了巴家嘴水库工程改建规划和增建泄洪建筑物方案的研究论证与初步设计工作,1983年完成了《巴家嘴水库增建泄洪建筑物初步设计报告》,1987年完成了《巴家嘴水库增建泄洪建筑物初步设计补充报告》,由于资金不落实,工程未能及时开工。至1992年8月11日至14日,水库发生险情,水利部、黄委会、南京大坝安全监测中心、水利水电科学研究院及甘肃省、庆阳地区等部门的专家、领导会集水库,现场勘察,形成了《甘肃省庆阳地区巴家嘴水库大坝险情座谈会纪要》。根据纪要精神,庆阳地区行署于1992年8月成立了巴家嘴水库加固工程指挥部,同时,巴家嘴水库增建泄洪洞工程正式开工,预计工期3年,1995年底完工,并且黄河设计公司组织进行了该工程的施工技术设计及洪水复核等工作,于1993年3月向水利部报送了《巴家嘴水库增建泄洪洞工程初步设计洪水复核》报告(以下简称1993年洪水复核报告)。由于资金问题,新增建泄洪洞工期延长,于1998年7月投入运用。2001年7月由甘肃省水利厅组织,水利部、黄委会、甘肃省水利厅、庆阳地区水利处有关领导、专家参加,在兰州召开了大坝安全鉴定会。

大坝安全鉴定结论如下:

(1)1992年水库淤积库容为2.66亿 m^3,2001年增建泄洪洞建成后淤积库容达到3.3亿 m^3,10年淤积0.64亿 m^3,侵占了防洪库容,以1981年增建泄洪洞工程初步设计洪水成果进行复核,防洪能力达不到千年一遇标准(约为850年一遇)。

(2)原设计抗震烈度为6度,按照1990年《中国地震烈度区划图》复核,设计抗震烈度仍为6度,可不进行抗震复核。

(3)经复核,上、下游坝坡在正常和非常情况下,安全系数满足规范要求,坝坡稳定。大坝变形在低水位下趋于稳定,尚未经高水位考验,在高水位情况下运行,仍会产生较大的变形和裂缝。

(4)在低水位情况下运行,坝体渗流基本正常,但因原建坝体填筑质量差,裂缝发育,1 115.8 m以上未经蓄水考验,左岸绕坝渗流出逸点抬高,在高水位运行时存在裂缝集中冲刷和岸坡接触冲刷的安全隐患。

(5)增建泄洪洞质量优良。输水洞、泄洪洞整体结构基本安全,但进水塔架冻融破坏严重,洞身裂缝、气蚀、磨损问题突出,局部骨料、钢筋出露,影响正常运行。

(6)增建泄洪洞闸门、启闭机运行正常。输水洞和泄洪洞闸门锈蚀、变形,启闭机及电器设备老化严重,不能正常运用。鉴于水库防洪标准不够,大坝存在安全隐患,评定为三类坝。

鉴定会对大坝维修加固的意见和建议:

(1)鉴于水库存在防洪标准不够和大坝安全隐患,建议尽快完成除险加固设计,早日除险。

(2)进一步加强水库管理和维护,保障加固前水库安全运行。

(3)左坝肩渗流做进一步探测和分析。

(4)进一步完善水情、沙情自动测报系统和大坝安全监测系统,对观测资料及时进行整理分析。

(5)严格执行水库蓄清排浑调度运行方式。

(6)进一步加快水库上游水土保持综合治理速度,减少入库泥沙。

第二节 1993年研究成果及防洪库容锐减原因分析

一、1993年设计成果

(一)施工期泥沙设计

根据1993年洪水复核报告附件二《巴家嘴水库泥沙淤积分析计算》(以下简称附件二),增建泄洪洞施工期按3年考虑,施工期淤积量"从安全出发,取1988~1992年,近5年淤积量较多的年平均淤积量776万 m^3,作为1993年7月~1996年6月的年平均淤积量,则3年总淤积量为2 328万 m^3"。其年平均淤积量比巴家嘴水库蓄清排浑运用后(1978~1992年)多年平均淤积量479.3万 m^3 大296.7万 m^3,比巴家嘴水库蓄清排浑运用后3年滑动组合最大平均淤积量957.2万 m^3 小181.2万 m^3,从泥沙分析的角度考虑,施工期年平均淤积量采用776万 m^3 是偏安全的。

(二)1993年洪水复核系列年泥沙淤积计算

附件二进行增建泄洪洞建成后系列年冲淤计算时,限于当时的工作条件及认识的局限性,采用一天为一个计算时段。就当时的条件来说,对于长系列的冲淤计算,采用一天为计算时段,已很先进。对于一般水库而言,其计算精度完全符合要求,但对巴家嘴水库而言却不尽然。巴家嘴水库入库洪水,具有暴涨暴落、峰高量小历时短,洪水含沙量高、洪水过后即为基流(基流流量仅1~2 m^3/s)的特性。由于巴家嘴水库洪水历时极短,一般不超过20 h,甚至只有3~4 h,峰值很高,经日平均后洪水过程变形较大,致使一些曾经发生的洪水在进行中消失,原本漫滩的洪水在计算时不漫滩,从而造成计算误差,使长系列冲淤计算结果偏小。长系列水库冲淤计算以一天为一个计算时段不太合适。

二、防洪库容锐减原因

(一)水库运用原因

自1992年开始巴家嘴水库运用方式发生了改变。由于地下水位下降严重,庆阳市(原庆阳地区)决定以巴家嘴水库蓄水作为西峰区(原西峰市)、董志塬用水的补充。1992

年以后,水库运用方式仍为"蓄清排浑",但敞泄期改为 7 月 20 日～8 月 20 日,蓄水期改为 8 月 20 日～次年 7 月 20 日,造成来洪水漫滩淤积增加。

（二）其他原因

巴家嘴水库增建泄洪洞原计划 1995 年完工,但由于种种原因施工期延长,新泄洪洞于 1998 年 7 月投入运用。1992～1998 年发生了 3 次大洪水(1992 年、1996 年、1997 年),其中有 2 次发生在 1995 年后,由于新泄洪洞的延期使用导致这两次洪水泥沙未能及时多排,库区淤积严重。1996 年 7 月 26～28 日发生的洪水约相当于 30 年一遇,整个汛期水库淤积量为 2 750 万 t,约合 2 115 万 m³(淤积物干容重取 1.3 t/m³);1997 年洪水虽然不是很大,但泄洪与施工发生了冲突,为了施工没有及时泄洪,造成库区严重淤积(仅 1997 年 7 月 27 日的一次洪水就造成近 1 000 万 m³ 的库容损失)。1992 年 10 月～1997 年 10 月 1 124 m 高程以下库容由 2.449 亿 m³ 减少为 1.901 亿 m³,库容淤积损失达 0.548 亿 m³,年均库容淤积损失达 0.110 亿 m³。新增泄洪洞建成后,水库库容已不能满足 2 000 年一遇校核洪水要求。

第七章　巴家嘴水库除险加固的必要性

第一节　工程建设的必要性分析

巴家嘴水库作为拦泥试验库而闻名,水库在建设过程中工程开发任务几经变化。

兴建初期,巴家嘴水库的主要任务是蓄水发电并提水上塬灌溉,同时结合防洪进行拦泥,以减少进入黄河的泥沙。鉴于当时水库灌溉效益难以实现,1964 年 12 月经在北京召开的治黄工作会议研究,将巴家嘴水库改为拦泥试验库,开展泥沙研究,探索多泥沙河流水库淤积的规律,为根治黄河水沙灾害积累经验。

1965 年国家计委以[65]计农字第 306 号文《关于甘肃省巴家嘴水库进行拦泥试验问题的批复》,同意巴家嘴水库进行拦泥试验的第一期工程,1965 年开始一期加坝。1974 年水库库容锐减,防洪标准不能满足 1 000 年一遇洪水紧急保坝要求,为解决水库防洪问题,开始二期加坝。

随着地方供电条件的改善和农业灌溉的迫切需要,恢复巴家嘴水库兴利功能、修建高扬程提灌工程,解决董志塬农业灌溉问题成为可能。1976 年开工建设巴家嘴水库电力提灌工程,设计灌溉面积 0.96 万 hm^2,远景规划 1.33 万 hm^2。一期工程于 1976 年开工建设,1981 年基本建成。共建成总干渠 13.1 km,水泵站 9 座,完成田间配套 0.62 万 hm^2,完成工程投资 3 800 万元,固定资产现值约 1 亿元。

1980 年 1 月,黄委会以[1980]黄计字 03 号《关于巴家嘴水库不再进行淤土加高试验的报告》中提出,"巴家嘴水库已取得有关试验资料,不再进行淤土加高试验。鉴于当地农业发展对水的需求,水库可改为蓄水运用,今后水库加固和改建工程及管理,由甘肃省水利局负责实施"。该意见得到了水利部和甘肃省的同意。表明巴家嘴水库的拦泥试验任务已完成。

随着经济的发展和人口的增加,西峰城区供水矛盾日益突出,地下水可开采量不断减少,地下水漏斗逐年扩大,城市供水严重不足的问题已成为人民生活水平提高和经济发展的主要制约因素。为此,甘肃省水利厅于 1993 年以甘水农发[1993]006 号文批复《西峰市城乡供水工程立项报告》,同意从巴家嘴水库引水,解决西峰区供水困难。

供水工程于 1995 年 4 月开工,1996 年建成一期工程,2002 年 10 月完成续建工程,共计完成投资 7 577 万元,工程设计日供水能力 4.38 万 m^3,使西峰区摆脱了供水危机的问题。

经过 40 多年的开发,巴家嘴水库已成为一座以防洪保坝、城市供水为主,兼顾灌溉等综合利用水库。

第二节　除险加固工程的必要性

水库初期的拦洪运用方式,造成大量淤积,而后的自然滞洪运用,由于泄流规模小,淤积情况并无大的好转,以致造成水库的防洪能力不断下降。截至 2004 年 6 月,水库实际防洪标准仅达到 720 年一遇。从满足保坝的要求出发,必须进行除险加固,这也是水库实现其他功能的先决条件。

随着国家开发西部的战略目标转移,2003 年庆阳地区撤地建市,庆阳市的区域经济得到进一步发展,工农业对水的需求也越来越高。巴家嘴水库已成为庆阳市 14 万城乡人口供水无可替代的水源地,并对董志塬发挥了巨大作用。

1996 年,从巴家嘴水库引水建成西峰城区供水工程后,西峰区摆脱了水源危机,过去经常停水和排队买水的现象不复存在,人民生活水平得到明显改善。同时,城市发展也步入快车道,一座新兴城市初具规模。至 2002 年,城区面积已由 1996 年的 6 km² 发展到 16 km²,城市人口已达到 14 万人,日用水量由 1995 年的 1.2 万 m³ 增加到 2.19 万 m³,年供水收入超过 1 100 万元。

董志塬共有塬面耕地 8.67 万 hm²,是庆阳市的粮食主要产区,因地处高原,降水较少,农业生产条件薄弱。巴家嘴 9 级电力提灌工程的兴建,使这里的面貌有了很大变化。目前,电灌工程已配套 0.62 万 hm²,实际灌溉面积 0.53 万 hm²,灌区内小麦平均产量超过 5 250 kg/hm²,玉米平均产量达 10 500 kg/hm²,增产幅度 22% ~40%,同时,灌区群众积极推广节水灌溉,调整产业结构,经济作物每公顷平均增收 1.5 万多元,使电灌工程的效益得到进一步提高。在这次调研过程中,我们在现场考察时看到,已建成的电灌一期工程标准较高,工程配套完好,运行正常,灌溉效益显著。另外,1999 年国家农业综合开发办已批准实施当地黄土高原农业综合项目,以支持当地进行农业结构调整,发展特色产业。巴家嘴电灌工程是这一项目的重要供水水源保证。

根据甘肃省对巴家嘴电力提灌二期续建工程的批复,今后还将继续进行灌区二期工程(0.33 万 hm²)配套建设。

另外,建库 40 多年来,下游人口密集地区的工农业得以迅速发展,与巴家嘴的防洪作用是密不可分的。

巴家嘴水库若不进行除险加固,原投资的提灌工程和泄洪建筑物(超过 3 亿元)将丧失其价值,造成极大浪费。同时如遇超标准洪水或其他原因溃坝后,将淹没冲毁国家重点文物保护单位北石窟寺、重要公路干线 312 国道、长庆桥镇及泾河和蒲河两岸的大量农田和村庄,预计损失将超过 20 亿元。

第三节　蒲河流域修建取水枢纽的可能性分析

一、在巴家嘴水库上游修建取水枢纽的可能性

巴家嘴水库上游主要有蒲河和黑河两大水系,控制流域面积 3 522 km²,其中蒲河

2 688 km^2，黑河 834 km^2，且黑河多年平均径流量 0.15 m^3/s，产水量小，河道狭窄，无修建取水枢纽工程的条件。

蒲河作为一条主要支流，无论从水质、来水量、地质地貌等方面都能满足修建取水枢纽工程的条件，但由于巴家嘴水库库区淤积面已上延至 26 km 处的镇原县姚新庄，蒲河在距坝体 7 km 处向西偏移，如修建 1 座同巴家嘴水库抗洪能力同规模的水库，拦截一部分泥沙，把清水泄入巴家嘴水库，可缓解水库淤积，延长水库寿命，但由于蒲河多泥沙的特点，新建水库同样会遇到巴家嘴水库一样的防洪和水库淤积问题。另一方面，若要新建水库必须避开淤泥面，保证现有城市供水及灌溉效益，运行成本高，费用大，在技术、经济上都存在一些问题。

二、在巴家嘴水库下游修建取水枢纽的可能性

由于巴家嘴水库的滞洪作用，坝下游已相继建成了四沟、寺马、石嘴、野王、小畔河等 6 座小型水电站，宽阔的河滩淤地，被沿岸群众耕种 0.42 万 hm^2。特别距水库 10 多 km 处，有一座从北魏开始开凿的北石窟寺，具有很高的考古价值，被列为省级重点文物保护单位，且位于茹河入口处，茹河上游污染严重，水质超过 V 类标准，不适宜人畜饮用及农业灌溉用水，此处及其下游修建取水枢纽工程，在技术、经济上也是不可行的。

如果舍弃巴家嘴水库在其上游重新寻找水源地，一是不能解决巴家嘴水库现有问题，二是现有巴家嘴电力提灌工程及西峰城区供水工程将报废，损失固定资产现值 1.8 亿元，三是重新修建取水工程，初估投资也需要 20 亿元。因此，在水库上游寻找水源也不可行。

综合上述，在西峰区马莲河、蒲河流域内，没有可以替代巴家嘴水库的可行方案，巴家嘴水库保坝任务迫切，防洪作用巨大，供水、灌溉功能无可替代，必须尽快对巴家嘴水库进行除险加固。

中篇

巴家嘴水库除险加固工程泥沙设计

第八章 巴家嘴水库除险加固设计原则与对策

造成巴家嘴水库防洪库容不足的原因较多。总结经验教训为的是更好地进行下一阶段的工作,在巴家嘴水库除险加固设计中有关泥沙工作我们进行了下列改进:

(1)巴家嘴水库库容小(总库容5.11亿 m³),入库沙量大(年均入库泥沙2 848万 t),库沙比为23,属于泥沙问题严重的水库,为保证设计安全,施工期及加固完成后来沙系列以实测最大来沙系列设计。

(2)考虑到加固工程的审批、开工、完工时间的不确定性,从安全计,加固工程完成投入运用前的泥沙淤积按4年考虑,即施工期按4年考虑。

(3)由于巴家嘴水库洪水具有暴涨暴落的特性,洪水期泥沙按实测洪水过程进行计算。

(4)考虑到巴家嘴水库入库洪水含沙量高、泥沙淤积量大的特点,在主汛期洪水期的洪水泥沙采用考虑泥沙冲淤影响的浑水调洪计算。

(5)考虑到水库高滩深槽形态形成前后水库壅水排沙关系不同(水库形成高滩深槽后壅水排沙能力提高),对水库形成高滩深槽形态前后的壅水排沙计算分别采用不同的方法。

第九章 除险加固来沙设计

第一节 水沙系列选择原则

（1）以实测长系列为主。根据巴家嘴水库 20 世纪 50～80 年代和 90 年代初期径流量、输沙量资料分析，50 年代水多沙少，含沙量较小，60、70 年代水少沙多，含沙量增大，80 年代水少沙少，比 50 年代入库水沙量有减少，减水较多、减沙较少，平均含沙量还有所增大。90 年代初期水多沙多，平均含沙量大，与 50 年代相比，水量稍有增加，而沙量增大较多，入库水沙量尚无明显的趋势性变化。考虑到水沙系列预测的不确定性和问题的复杂性，同时考虑今后大规模水土保持的实施和生效尚需相当长时期，因此设计入库水沙系列按长时期实测系列考虑。

（2）施工期淤积按 4 年考虑，工程改建后按 30 年考虑。目前巴家嘴水库已不满足防洪要求，且大坝安全存在隐患，因此应尽快完成除险加固设计、施工。考虑到从设计、审批、施工到新泄流设施投入运用需要一定的过程，除险加固工程生效前的前期淤积按 4 年考虑，这里合称为施工期。除险加固工程生效后泥沙淤积按 30 年考虑。

（3）设计系列来沙量有一定的包容性。考虑到巴家嘴水库高含沙水流来沙特性，及洪水猛涨猛落、洪峰流量特别大的洪水特性，从安全的角度考虑，水库有效库容按除险加固工程生效、水库运行 30 年后，增加遭遇百年一遇洪水进行设计。

（4）施工期来水来沙按最大来沙考虑。吸取 1992 年增建泄洪洞的教训，施工期因各种不确定因素延长，遭遇连续丰水丰沙年等，本次设计施工期来水来沙按连续 4 年最大来沙考虑。

（5）设计 30 年水沙系列为连续的水沙系列。根据泥沙设计规范，设计系列采用不低于 20 年的连续水沙系列。

（6）设计 30 年系列可以代表多年平均情况，且应包含丰、平、枯水沙年。

第二节 设计系列水沙量及过程

巴家嘴水库 1951～1996 年 45 年实测水沙系列见表 9-1，分别按 4 年系列和 30 年系列进行滑动平均，计算结果见表 9-2、表 9-3。

一、施工期水沙系列

4 年滑动系列中，1964～1967 年系列年平均来沙量为 4 309 万 t，是 45 个滑动系列中年平均来沙量之最大者，为 1951～1996 年多年平均来沙量 2 848 万 t 的 1.51 倍；其中汛期平均来沙量为 3 800 万 t，为 45 个滑动系列中汛期平均来沙量之次大者，为 45 个滑动系列中汛期平均最大来沙量 3 983 万 t 的 0.95 倍,为 1951～1996 年汛期多年平均来沙量 2 456 万 t 的 1.55 倍。1964～1967 年系列年平均来水量为 14 626 万 m³,为 1951～1996 年多年平均来水量 13 059 万 m³ 的 1.12 倍;其中汛期平均来水量为 8 817 万 m³,为 1951～1996 年汛期多年平均来水量 7 290 万 m³ 的 1.21 倍。该系列中 1964 年最大洪峰流量为 2 980 m³/s,约相当于 8 年一遇洪水,年来水量 25 216 万 m³,汛期来水量 18 974 万 m³,分别为 1951～1996 年多年平均的 1.93 倍、2.60 倍,为 1958 年的 0.90 倍、0.85 倍;年来沙量为 10 935 万 t,汛期来沙量为 9 892 万 t,分别为 1951～1996 年多年平均的 3.65 倍、4.03 倍,为 1958 年的 1.39 倍、1.27 倍,为实测最大来沙年。由上述分析,并考虑到 1992 年增建泄洪洞的经验教训,从安全的角度考虑,选取 1964～1967 年系列作为施工期设计水沙系列。

表 9-1　1951～1996 年历年来水来沙过程

年份	水量(万 m³)		沙量(万 t)	
	7～9 月	年	7～9 月	年
1951	5 899	13 579	1 610	1 956
1952	2 926	8 205	367	419
1953	4 552	10 216	245	464
1954	6 390	11 939	1 652	1 949
1955	8 366	14 914	2 721	2 945
1956	8 355	14 849	2 724	2 948
1957	4 737	10 009	1 324	1 378
1958	22 339	27 875	7 763	7 877
1959	10 128	15 775	2 905	3 000
1960	4 447	9 027	1 523	1 566
1961	4 265	9 429	1 081	1 601
1962	4 931	11 391	1 237	1 597
1963	4 821	10 564	1 095	1 660
1964	18 974	25 216	9 892	10 395
1965	2 572	7 769	584	715
1966	9 201	14 489	3 395	3 976
1967	4 520	11 030	1 330	2 149
1968	9 698	14 853	3 911	3 990
1969	5 483	11 942	1 899	2 397
1970	12 093	17 383	4 763	5 219
1971	5 964	10 675	2 225	2 351
1972	3 100	8 796	870	915
1973	18 739	23 839	8 072	8 352
1974	3 410	9 014	998	1 152
1975	5 355	10 652	1 742	1 806
1976	4 148	9 516	1 150	1 303

続表 9-1

年份	水量(万 m³)		沙量(万 t)	
	7~9月	年	7~9月	年
1977	9 194	13 451	4 412	4 485
1978	6 804	12 641	2 239	2 736
1979	5 490	10 530	1 619	1 860
1980	5 211	10 639	1 576	2 030
1981	7 111	12 229	2 231	2 693
1982	3 123	8 045	800	1 143
1983	4 335	10 492	865	1 237
1984	10 146	16 837	3 925	4 644
1985	6 330	13 848	1 749	2 882
1986	1 799	9 869	60	2 279
1987	5 518	9 647	2 155	2 198
1988	14 080	19 599	3 542	3 758
1989	3 227	9 745	761	997
1990	8 037	12 738	2 358	2 465
1991	4 303	12 263	1 203	2 413
1992	9 673	14 490	3 908	4 357
1993	6 138	10 327	899	1 068
1994	7 039	18 999	2 690	3 589
1995	6 741	9 986	2 581	2 609
1996	15 608	21 413	6 299	7 505
平均	7 290	13 059	2 456	2 848

表 9-2　1951~1996 年 4 年滑动水沙组合

起始年	终止年	水量(万 m³)		沙量(万 t)	
		7~9月	年	7~9月	年
1951	1954	4 942	10 984	968	1 197
1952	1955	5 558	11 318	1 246	1 444
1953	1956	6 916	12 979	1 836	2 077
1954	1957	6 962	12 928	2 106	2 305
1955	1958	10 949	16 912	3 633	3 787
1956	1959	11 389	17 127	3 679	3 800
1957	1960	10 413	15 672	3 379	3 455
1958	1961	10 295	15 527	3 318	3 511
1959	1962	5 943	11 406	1 686	1 941
1960	1963	4 616	10 103	1 234	1 606
1961	1964	8 248	14 150	3 326	3 813
1962	1965	7 824	13 735	3 202	3 592

起始年	终止年	水量（万 m³）		沙量（万 t）	
		7～9 月	年	7～9 月	年
1963	1966	8 892	14 509	3 742	4 187
1964	1967	8 817	14 626	3 800	4 309
1965	1968	6 498	12 035	2 305	2 708
1966	1969	7 225	13 079	2 634	3 128
1967	1970	7 948	13 802	2 976	3 439
1968	1971	8 310	13 713	3 200	3 490
1969	1972	6 660	12 199	2 440	2 721
1970	1973	9 974	15 173	3 983	4 209
1971	1974	7 803	13 081	3 041	3 192
1972	1975	7 651	13 075	2 921	3 056
1973	1976	7 913	13 255	2 991	3 153
1974	1977	5 527	10 658	2 076	2 186
1975	1978	6 375	11 565	2 386	2 582
1976	1979	6 409	11 534	2 355	2 596
1977	1980	6 675	11 815	2 462	2 778
1978	1981	6 154	11 510	1 916	2 330
1979	1982	5 234	10 360	1 556	1 932
1980	1983	4 945	10 351	1 368	1 776
1981	1984	6 179	11 901	1 955	2 429
1982	1985	5 983	12 305	1 835	2 477
1983	1986	5 652	12 761	1 650	2 761
1984	1987	5 948	12 550	1 972	3 001
1985	1988	6 932	13 241	1 877	2 779
1986	1989	6 156	12 215	1 629	2 308
1987	1990	7 716	12 932	2 204	2 354
1988	1991	7 412	13 587	1 966	2 408
1989	1992	6 310	12 309	2 057	2 558
1990	1993	7 038	12 455	2 092	2 576
1991	1994	6 788	14 020	2 175	2 857
1992	1995	7 398	13 450	2 520	2 906
1993	1996	8 881	15 181	3 117	3 693
平均		7 243	12 979	2 438	2 823

二、工程改建后 30 年水沙系列

30 年滑动系列中，1956～1985 年系列年平均来沙量为 3 002 万 t，为 20 个滑动系列中年平均来沙量次大者，为 1951～1996 年多年平均来沙量 2 848 万 t 的 1.05 倍；其中汛期平均来沙量为 2 663 万 t，为 20 个滑动系列中汛期平均来沙量之次大者，为 20 个滑动系列中汛期平均最大来沙量 2 696 万 t 的 0.99 倍，为 1951～1996 年汛期多年平均来沙量

表 9-3 1951～1996 年 30 年滑动水沙组合

起始年	终止年	水量(万 m³)		沙量(万 t)	
		7～9 月	年	7～9 月	年
1951	1980	7 404	13 007	2 564	2 840
1952	1981	7 444	12 962	2 585	2 864
1953	1982	7 451	12 956	2 599	2 888
1954	1983	7 443	12 966	2 620	2 914
1955	1984	7 569	13 129	2 696	3 004
1956	1985	7 501	13 093	2 663	3 002
1957	1986	7 282	12 927	2 575	2 980
1958	1987	7 308	12 915	2 602	3 007
1959	1988	7 033	12 640	2 462	2 870
1960	1989	6 803	12 439	2 390	2 803
1961	1990	6 923	12 562	2 418	2 833
1962	1991	6 924	12 657	2 422	2 860
1963	1992	7 082	12 760	2 511	2 952
1964	1993	7 126	12 752	2 505	2 932
1965	1994	6 728	12 545	2 264	2 705
1966	1995	6 867	12 619	2 331	2 768
1967	1996	7 081	12 850	2 428	2 886
平均		7 175	12 810	2 508	2 889

2 456 万 t 的 1.08 倍;该系列为平沙系列。1956～1985 年系列年平均来水量为 13 093 万 m³,为 1951～1996 年多年平均来水量 13 059 万 m³ 的 1.00 倍;其中汛期平均来水量为 7 501 万 m³,为 1951～1996 年汛期多年平均来水量 7 290 万 m³ 的 1.03 倍。该系列中包含 8 个丰水丰沙年,其中含实测最大来水年(1958 年,最大洪峰流量为 5 650 m³/s,大于 20 年—遇洪水洪峰流量 5 000 m³/s)和实测最大来沙年(1964 年),5 个平水平沙年,8 个枯水枯沙年。与 1952～2000 年长系列相比,年最大洪峰流量大于 1 500 m³/s、2 000 m³/s 出现的频率基本相当(见表 9-4),1952 年以来年最大洪峰流量大于 2 500 m³/s 洪水均出现在该系列中。由上述分析,1956～1985 年系列为平水平沙系列,可以代表长系列来水来沙情况,为连续的 30 年水沙系列,系列中含有丰、平、枯不同的来水来沙情况。

表 9-4 年最大洪峰流量大于某流量级出现次数、频率

流量级(m³/s)	1952～2000 年		1956～1985 年	
	次数	频率(%)	次数	频率(%)
>1 500	16	33.3	10	33.3
>2 000	9	18.8	5	16.7
>2 500	4	8.3	4	13.3
>3 000	2	4.2	2	6.7
>5 000	1	2.1	1	3.3

三、百年一遇洪水来沙设计

巴家嘴实测最大洪水为 1958 年 7 月 14 日洪水,3 日洪量为 0.73 亿 m^3,沙量为 0.297 亿 t;设计洪水为百年一遇洪水,3 日洪量为 1.36 亿 m^3,沙量为 0.55 亿 t,平均含沙量 404 kg/m^3。

1987 年增建泄洪洞初步设计补充报告中设计的百年一遇洪水的洪量为 1.36 亿 m^3,沙量为 0.52 亿 t,平均含沙量 382 kg/m^3。1993 年 6 月黄河设计公司完成的《巴家嘴水库泥沙淤积分析计算》报告中,通过点绘实测大洪水的洪量与沙量关系图和实测大洪水平均流量 Q 与平均来沙系数 ρ/Q 关系曲线,设计百年一遇洪水沙量为 0.55 亿 t。除险加固设计通过点绘实测流量与输沙率关系线进行了复核,认为设计沙量 0.55 亿 t 基本合理,除险加固设计仍采用该值。

除险加固设计百年一遇洪水来沙过程按 1958 年洪水水沙过程放大,设计百年一遇水沙关系与实测洪水来水来沙对比见图 9-1,由图可以看到,设计百年一遇洪水水沙关系与实测水沙关系基本相符,可以认为设计百年一遇洪水来沙设计基本合理。

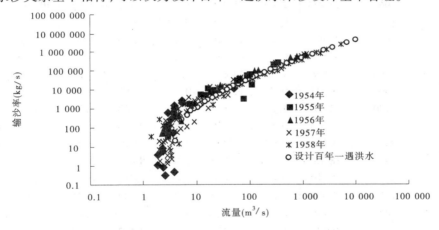

图 9-1 设计百年一遇洪水水沙过程与实测水沙过程对照

四、设计水沙条件

设计水沙条件由以下三部分组成:施工期 4 年采用实测 1964～1967 年,除险加固措施生效后水库运用 30 年采用实测 1956～1985 年,百年一遇洪水。上述水沙组合称为 35 年水沙组合。

设计采用实测 1964～1967 + 1956～1985 年系列,34 年平均水量为 13 272 万 m^3、沙量为 3 156 万 t,相应 7～9 月水量为 7 656 万 m^3、沙量为 2 797 万 t。

在计算 34 年系列后,增加一个百年一遇洪水,其 3 日洪量为 13 600 万 m^3,设计沙量为 5 500 万 t,设计系列水沙过程见表 9-5。水沙过程采用蒲河姚新庄站和黑河太白良站实测瞬时水沙过程进行叠加,再加区间来水来沙所得。

表 9-5　巴家嘴水库设计来水来沙过程

年序	年份	水量(万 m³)				沙量(万 t)			
		7～9 月	距平	年	距平	7～9 月	距平	年	距平
1	1964	18 974	2.60	25 216	1.93	9 892	4.03	10 395	3.65
2	1965	2 572	0.35	7 769	0.59	584	0.24	715	0.25
3	1966	9 201	1.26	14 489	1.11	3 395	1.38	3 976	1.40
4	1967	4 520	0.62	11 030	0.84	1 330	0.54	2 149	0.75
1	1956	8 355	1.15	14 849	1.14	2 724	1.11	2 948	1.04
2	1957	4 737	0.65	10 009	0.77	1 324	0.54	1 378	0.48
3	1958	22 339	3.06	27 875	2.13	7 763	3.16	7 877	2.77
4	1959	10 128	1.39	15 775	1.21	2 905	1.18	3 000	1.05
5	1960	4 447	0.61	9 027	0.69	1 523	0.62	1 566	0.55
6	1961	4 265	0.59	9 429	0.72	1 081	0.44	1 601	0.56
7	1962	4 931	0.68	11 391	0.87	1 237	0.50	1 597	0.56
8	1963	4 821	0.66	10 564	0.81	1 095	0.45	1 660	0.58
9	1964	18 974	2.60	25 216	1.93	9 892	4.03	10 395	3.65
10	1965	2 572	0.35	7 769	0.59	584	0.24	715	0.25
11	1966	9 201	1.26	14 489	1.11	3 395	1.38	3 976	1.40
12	1967	4 520	0.62	11 030	0.84	1 330	0.54	2 149	0.75
13	1968	9 698	1.33	14 853	1.14	3 911	1.59	3 990	1.40
14	1969	5 483	0.75	11 942	0.91	1 899	0.77	2 397	0.84
15	1970	12 093	1.66	17 383	1.33	4 763	1.94	5 219	1.83
16	1971	5 964	0.82	10 675	0.82	2 225	0.91	2 351	0.83
17	1972	3 100	0.43	8 796	0.67	870	0.35	915	0.32
18	1973	18 739	2.57	23 839	1.83	8 072	3.29	8 352	2.93
19	1974	3 410	0.47	9 014	0.69	998	0.41	1 152	0.40
20	1975	5 355	0.73	10 652	0.82	1 742	0.71	1 806	0.63
21	1976	4 148	0.57	9 516	0.73	1 150	0.47	1 303	0.46
22	1977	9 194	1.26	13 451	1.03	4 412	1.80	4 485	1.57
23	1978	6 804	0.93	12 641	0.97	2 239	0.91	2 736	0.96
24	1979	5 490	0.75	10 530	0.81	1 619	0.66	1 860	0.65
25	1980	5 211	0.71	10 639	0.81	1 576	0.64	2 030	0.71
26	1981	7 111	0.98	12 229	0.94	2 231	0.91	2 693	0.95
27	1982	3 123	0.43	8 045	0.62	800	0.33	1 143	0.40
28	1983	4 335	0.59	10 492	0.80	865	0.35	1 237	0.43
29	1984	10 146	1.39	16 837	1.29	3 925	1.60	4 644	1.63
30	1985	6 330	0.87	13 848	1.06	1 749	0.71	2 882	1.01
百年一遇洪水		13 600				5 500			
1964～1967 年		8 817	1.21	14 626	1.12	3 800	1.55	4 309	1.51
1956～1985 年		7 501	1.03	13 093	1.00	2 663	1.08	3 002	1.05
1964～1967＋1956～1985 年		7 656	1.05	13 274	1.02	2 797	1.14	3 156	1.11
实测 1951～1996 年		7 290		13 059		2 456		2 848	

注:距平为各年水沙量与实测 1951～1996 年平均值之比。

第十章 除险加固库区淤积设计

第一节 水库冲淤计算原则及方法

一、计算原则

（1）按实测洪水过程计算。根据 1956～1996 年 41 年实测资料,按实测洪水统计,巴家嘴入库洪峰流量大于 100 m³/s、200 m³/s、300 m³/s、400 m³/s、500 m³/s、1 000 m³/s、1 500m³/s、2 000 m³/s 的次数分别为 352 次、227 次、153 次、117 次、99 次、41 次、18 次、12 次。按日平均统计,入库流量大于 100 m³/s、200 m³/s、300 m³/s、400 m³/s、500 m³/s 的天数分别为 42 d、11 d、4 d、2、2 d,出现洪峰次数大为减少,而大于 1 000 m³/s 流量的洪水则坦化掉。

由于实测洪水持续时间较短,若按日平均过程进行泥沙冲淤计算,则本应上滩的洪水可能不会上滩,计算误差就比较大,甚至出现严重的失真现象。

（2）按浑水调洪进行计算。巴家嘴水库入库洪水含沙量较高,特别是 100 m³/s 以上洪水含沙量均在 500 kg/m³ 以上,一场洪水过程中水库淤积和冲刷明显,清水调洪出库流量要大于浑水调洪出库流量(见图 10-1),而且水库清水调洪计算与泥沙冲淤计算分开进行,不符合水库水沙运动的实际。浑水调洪计算将水库洪水演进和泥沙冲淤过程计算相结合进行,出库洪水过程更接近实测值。因此,本次水库洪水调节和洪水泥沙冲淤计算有必要采用浑水调洪方法进行。

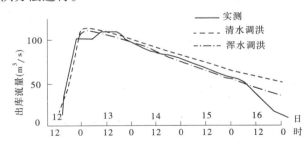

图 10-1 巴家嘴水库 1964 年 8 月洪水清浑水调洪出库洪水过程对比

（3）泥沙冲淤计算分别考虑高滩深槽形成前后两种情况。

二、冲淤计算方法

分析巴家嘴水库高含沙水流特性和水库蓄水运用、滞洪排沙运用、敞泄冲刷排沙运用的实际资料,总结巴家嘴水库排沙方式和其他多沙河流水库一样有两种:壅水排沙(包括异重流)及敞泄排沙。具体的水库壅水排沙和敞泄排沙计算关系要有较普遍意义,要具有一定的边界条件下的通用性和实用性，因此要采用巴家嘴、三门峡、汾河、官厅等多沙河流多座已建水库的实际资料建立。对于高含沙水流，由于存在宾汉极限切应力，存在含沙水流对水的黏性、泥沙沉速及浑水容重的影响，因此水库水流挟沙力公式要反映含沙量的影响，一般采用水流挟沙力公式的普遍形式 $S_* = k(\dfrac{\gamma'}{\gamma_s - \gamma'} \dfrac{v^3}{gh\omega_c})^m$。除险加固设计从计算简单和实用出发，根据挟沙力公式的普遍形式演变导出经验关系，用实测资料率定计算式后，建立数学模型进行计算。

（一）壅水排沙关系

1964~1969年、1973年汛后至1992年，巴家嘴水库有蓄洪排沙和滞洪排沙运用时段，分析该时段部分实测资料，以及三门峡水库、汾河水库、官厅水库部分实测资料，分别建立了水库壅水排沙比 $\eta \sim f(\dfrac{V}{Q_{出}} \cdot \dfrac{Q_{入}}{Q_{出}})$ 和 $\eta \sim f(\dfrac{V}{Q_{出}})$ 的排沙关系曲线，式中 V 为蓄水容积，$Q_{出}$ 为出库流量，$Q_{入}$ 为入库流量。水库壅水排沙的主要影响因素是壅水指标 $(\dfrac{V}{Q_{出}})$，同时与水库有无高滩深槽的形态、出库流量与入库流量的比值有关系。结合巴家嘴水库的情况，采用水库壅水排沙比 $\eta \sim f(\dfrac{V}{Q_{出}} \cdot \dfrac{Q_{入}}{Q_{出}})$ 关系，区分水库未形成高滩深槽形态和已形成高滩深槽形态的壅水排沙曲线，分别应用。关于壅水排沙比的表示，当 $Q_{出} < Q_{入}$ 时，η 代表含沙量比，当 $Q_{出} > Q_{入}$ 时，η 代表沙量比。

韩其为院士在《水库淤积》一书中给出了下述壅水排沙关系：

$$\eta = \cfrac{1}{1 + \cfrac{1}{t_c} \cdot (\cfrac{V}{Q})^2}$$

采用巴家嘴水库的参数计算所得壅水排沙比的点据分布见图10-2，经比较与采用的壅水排沙关系接近。

（二）敞泄排沙关系

敞泄排沙关系式为：

$$Q_{s出} = k \cdot (\frac{S_{入}}{Q_{入}})^{0.7} \cdot (Q_{出} \cdot i)^2 \tag{10-1}$$

式中：$Q_{s出}$ 为出库输沙率，t/s；$\dfrac{S_{入}}{Q_{入}}$ 为入库来沙系数；i 为水面比降，与流量的大小和水位的高低有关；k 为敞泄排沙系数，取 $k = 8\,800$，当河槽冲刷时，考虑河床冲刷粗化影响，河床冲刷深度大于0.5 m时，k 值乘以折减系数0.8，河床冲刷深度大于1.0 m时，k 值乘以折减系数0.7。

三、水库浑水调洪计算方法

多沙河流洪水来沙量大，水库蓄洪时将发生大量淤积，洪水通过水库的演进不但受到库容调蓄的作用，而且受到泥沙冲淤的影响。与一般的少沙河流水库调洪情况相比，这个影响表现在出库洪量减少、泄洪历时缩短、泄流过程有较大变化。

所以,多沙河流上的水库进行调洪计算时,除采用一定淤积水平的库容曲线外,必要时还应考虑一场洪水水库蓄泄过程中的泥沙冲淤对调洪的影响。水库调洪和泥沙冲淤相结合的浑水调洪计算方法,应考虑下述三个基本方程:水库泄流方程,反映水库的调蓄与泥沙冲淤的影响;水库输沙方程,用以进行库区冲淤量计算;水库冲淤分布方程,用以进行冲淤部位计算。

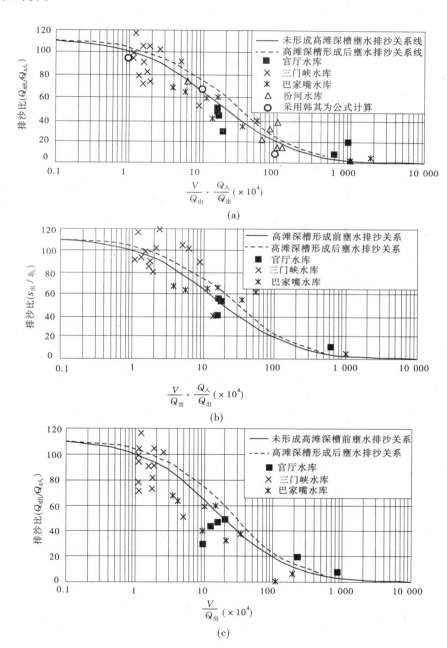

图 10-2　巴家嘴水库壅水排沙关系

（一）水库泄流方程

水库泄流方程是最基本的。当不考虑库区动力平衡、考虑泥沙冲淤量变化时，其形式为：

$$\Delta Q + \frac{\Delta V_w}{\Delta t} + \frac{\Delta V_s}{\Delta t} = 0 \tag{10-2}$$

式中：ΔQ 为进出库流量差值，m^3/s；ΔV_w 为水库中浑水容积增减量，m^3；ΔV_s 为水库内冲淤体积，m^3；Δt 为计算时段，s。

$$\left.\begin{aligned}
\Delta V_w &= V_i - V_{i+1} = \left(V_{0,i} - b_i \sum_{t_0}^{t_i} \Delta V_s\right) - \left(V_{0,i+1} - b_{i+1} \sum_{t_0}^{t_{i+1}} \Delta V_s\right) \\
\Delta V_s &= \sum_{t_i}^{t_{i+1}} \Delta V_{s,t} = \sum_{t_0}^{t_{i+1}} \Delta V_s - \sum_{t_0}^{t_i} \Delta V_s
\end{aligned}\right\} \tag{10-3}$$

式中：$V_{0,i}$ 为相应于水位 Z_i 的起始平库容，m^3；$V_{0,i+1}$ 为相应于水位 Z_{i+1} 的起始平库容，m^3；b_i、b_{i+1} 分别为相应于总累计冲淤量分布在水位 Z_i、Z_{i+1} 水平面以下的冲淤量分配比；$\sum_{t_i}^{t_{i+1}} \Delta V_{s,t}$ 为相应于在 t_i 至 t_{i+1} 时刻内水库淤积量，m^3；$\sum_{t_0}^{t_{i+1}} \Delta V_s$、$\sum_{t_0}^{t_i} \Delta V_s$ 为相应于水库至时刻 t_{i+1} 和 t_i 的累计冲淤量，m^3；角标 i、$i+1$ 为表示时刻 t_i、t_{i+1} 的符号。

将 ΔV_w 和 ΔV_s 值代入式（10-2）并整理写成：

$$\left(\overline{Q} - \frac{q_i + q_{i+1}}{2}\right) + \frac{V_{0,i}}{\Delta t} - \frac{V_{0,i+1}}{\Delta t} - \frac{(1 - b_{i+1})}{\Delta t} \sum_{t_0}^{t_{i+1}} \Delta V_s + \frac{(1 - b_i)}{\Delta t} \sum_{t_0}^{t_i} \Delta V_s = 0 \tag{10-4}$$

令 $c_i = (1 - b_i)$、$c_{i+1} = (1 - b_{i+1})$。c_i 和 c_{i+1} 为相应于水位 Z_i、Z_{i+1} 以上淤积分配比。将式（10-4）改写为：

$$\left(\frac{V_{0,i+1}}{\Delta t} + \frac{q_{i+1}}{2}\right) = \left(\overline{Q} - q_i\right) + \left(\frac{V_{0,i}}{\Delta t} + \frac{q_i}{2}\right) - \left(\frac{c_{i+1}}{\Delta t} \sum_{t_0}^{t_{i+1}} \Delta V_s - \frac{c_i}{\Delta t} \sum_{t_0}^{t_i} \Delta V_s\right) \tag{10-5}$$

将式（10-5）写成一般式：

$$\left(\frac{V_2}{\Delta t} + \frac{q_2}{2}\right) = \left(\overline{Q} - q_1\right) + \left(\frac{V_1}{\Delta t} + \frac{q_1}{2}\right) - \frac{\Delta V_{sc}}{\Delta t} \tag{10-6}$$

式中：$\overline{Q}$ 为时段平均入库流量，m^3/s；q_1、q_2 分别为时段始、末泄量，m^3/s；V_1、V_2 为时段始、末水库总充蓄容积（包括浑水和泥沙淤积体），m^3；ΔV_{sc} 为时刻 t_i、t_{i+1} 分布在库水位水平面以上部位泥沙淤积体积的差值，即

$$\Delta V_{sc} = c_{i+1} \sum_{t_0}^{t_{i+1}} \Delta V_s - c_i \sum_{t_0}^{t_i} \Delta V_s$$

式（10-6）与清水水库调洪计算方法的出泄流量方程式相比，右边多了一项 $\left(-\frac{\Delta V_{sc}}{\Delta t}\right)$。

因此，可先作出 $\Phi \sim \left(\frac{V}{\Delta t} + \frac{q}{2}\right)$ 工作曲线，只需对 Φ 值增加一项 $\left(\frac{\Delta V_{sc}}{\Delta t}\right)$，就可以使用

$q = \Phi = f\left(\frac{V}{\Delta t} + \frac{q}{2}\right)$ 工作曲线查算时段末出库流量 q。

从式(10-5)可看出,当库水位上升时,若淤积分配比 b_i 和 b_{i+1} 接近,则多沙河流水库调洪计算的结果与按清水河流水库调洪计算的数值无大的差别。即在库水位上升阶段,按多沙河流水库调洪计算与按清水河流水库调洪计算结果相近,而在水库持续蓄洪和库水位下降阶段,则这两种方法计算的结果差别较大。

(二)水库输沙计算方程

水库输沙计算方程须根据水库实际情况进行选择。巴家嘴水库除险加固设计的水库输沙计算方程见图10-2及式(10-1)。

(三)水库淤积分布计算方程

库区淤积分布按下式计算:

$$\Delta V_{sx} = \left(\frac{H_x - X_{min}}{H_{max} + \Delta Z - Z_{min}} \right)^m \cdot \sum \Delta V_s$$

式中指数 m 按下式计算:

$$m = 0.485 n^{1.16}$$

n 与库容形态有关,由库容形态方程决定:

$$\frac{\Delta \nabla_x}{\Delta \nabla_{max}} = \left(\frac{H_x - H_{min}}{H_{max} - H_{min}} \right)^n$$

式中:ΔV_{sx} 为分布在相应于坝前水位 H_x 以下的淤积量,m^3;$\sum \Delta V_s$ 为水库总淤积量,m^3;H_x 为坝前水位,m;H_{max} 为包括本时段在内的已出现的最高坝前水位,m;Z_{min} 为坝前冲淤分布最低高程,m;ΔZ 为相应于最高水位的淤积末端高程与最高水位的高差,m;$\Delta \nabla_x$ 为相应于坝前水位 H_x 以下的容积,m^3;$\Delta \nabla_{max}$ 为相应于最高水位 H_{max} 以下的容积,m^3;H_{min} 为容积为零的高程,m。

四、计算方法验证

按照上述计算方法建立了泥沙冲淤计算数学模型,并选取1980~1982年连续3年系列年对模型进行了验证,1980~1982年实测年平均来水量为10 322 万 m^3,年平均来沙量为1 955 万 t。3 年累计淤积量为1 611 万 t,排沙比为72.6%;经计算,3 年累计淤积量为1 638 万 t,排沙比为72.1%,与实测排沙比比较接近。其中6~9月淤积1 355 万 t,排沙比为74.0%,与实测断面法计算排沙比79.8%亦较为接近。

验证结果表明,计算方法可以应用于泥沙淤积预测。

第二节　水库淤积计算分析方案

一、水库运用方案

(一)目前水库任务及设计防洪标准

巴家嘴水库经多次加固、改建,枢纽由拦河土坝、输水洞、泄洪洞、电站工程组成,并已建成电力提灌一期工程和西峰市供水工程。巴家嘴水库初建为拦泥试验库,在水库的建设和运用过程中水库任务几经变化。目前及除险加固后巴家嘴水库的任务为以防洪保坝、城市供水为主,兼顾灌溉等综合利用。

水库防洪保坝形势严峻。巴家嘴水库大坝为黄土均质坝,水库持续淤积,由于防洪能力降低,水库存在漫顶溃坝的危险,防洪保坝任务艰巨。

供水、灌溉意义重大。为解决西峰市的城市供水水源,1996年在原电力提灌工程基础上建成了西峰市城市供水工程,近期日供水量2.19万 m^3,年引水量382万 m^3,远期日供水量3.05万 m^3,年引水量1 114万 m^3,巴家嘴水库已成为该地区不可或缺的城市供水水源;1981年建成的巴家嘴九级电力提灌工程,是庆阳地区唯一的中型灌溉工程,设计年引水量5 405万 m^3,设计灌溉面积0.960万 hm^2,目前已配套0.61万 hm^2,实灌0.27万 hm^2。巴家嘴水库适当兼顾供水、灌溉为该地区经济社会可持续发展提供了重要支撑。

相机发电支持发展。1996年建成的巴家嘴电厂,由两级电站组成,总装机容量2 084 kW,设计年发电量625万 kW·h,巴家嘴水库相机发电也可有效支持当地经济的发展。

根据西峰市城乡供水工程实际运行情况,近期西峰市城乡日供水量为1.5万 m^3,年供水量为547.5万 m^3,其中巴家嘴水库为382万 m^3,其余以开采地下水解决。到远期水平年(2015年),西峰市城乡日供水量为4.38万 m^3,年供水量达到1 599万 m^3,其中巴家嘴水库为1 114万 m^3,其余开采地下水。可解决西峰市近10万人口和城郊5万~6万人的生活及生产用水。近、远期水平年巴家嘴水库负担西峰市城乡用水量见表10-1。

表10-1 巴家嘴水库负担西峰市城乡用水量 (单位:万 m^3)

	项目	1月	2月	3月	4月	5月	6月	7月	8月	9月	10月	11月	12月	年
2005年	用水量 灌溉	0	0	459	649	793	760	688	735	63	188	944	126	5 405
	生活	32.5	30.0	32.5	30.0	32.5	31.5	32.5	31.5	32.5	32.5	31.5	32.5	382
	合计	32.5	30.0	491.5	679	825.5	791.5	720.5	766.5	95.5	220.5	975.5	158.5	5 787
	月末蓄水量 ($P=75\%$)	620.7	934.7	1 206	1 079.5	575.9	47.6	0	0	268.3	679.6	145.5	368.7	
2015年	用水量 灌溉	0	0	390	552	674	676	585	558	57	160	850	106	4 608
	生活	94.5	87.5	94.5	86.5	94.5	92.8	94.5	94.5	92.8	94.5	92.8	94.5	1 114
	合计	94.5	87.5	484.5	638.5	768.5	768.8	679.5	652.5	149.8	254.5	942.8	200.5	5 722
	月末蓄水量 ($P=75\%$)	510	766.5	1 044.8	958.8	512.2	6.6	0	0	262.9	640.2	138.8	320	

(二)设计防洪标准

水库设计标准采用百年一遇洪水设计、2 000年一遇洪水校核。百年一遇洪水,设计洪峰流量为10 100 m^3/s,3日洪量为1.36亿 m^3;2 000年一遇洪水,设计洪峰流量为20 300 m^3/s,3日洪量为2.55亿 m^3。设计洪水过程线以1958年洪水为典型放大。

(三)水库运用方案

按照上述要求及入库水沙特性,拟定水库运用方式为"蓄清排浑、空库迎洪"运用方式。每年9月16日以后到次年6月19日,水库蓄水调节径流,满足供水、灌溉、相机发电运用。若5、6月份发生较大洪水(入库流量大于50 m^3/s),为避免水库淤积加重,要根据水情预报,敞泄排沙。

6月20日~9月15日水库运用方式考虑下述4个方案：

方案1：主汛期敞泄，滞洪排沙，水库不调蓄水量供水，汛限水位同死水位，为1 095 m。

方案2：主汛期平水期水库调蓄水量50万m³供水，城市供水日最大清水需水量为3万m³，考虑来水含沙量高，按留有一定的浑水蓄水体及泥沙淤积体考虑。控制汛限水位运用，主汛期洪水期空库迎洪，敞泄滞洪排沙运用。当预报入库流量大于50 m³/s时，提前泄空前期蓄水量空库迎洪。洪水后恢复调蓄水量50万m³供水。

方案3：主汛期平水期水库调蓄水量100万m³供水，兼顾灌溉。城市供水及灌溉日最大清水需水量为24万m³，考虑留有一定的浑水蓄水体及泥沙淤积体。控制汛限水位运用，主汛期洪水期空库迎洪，敞泄滞洪排沙运用。当预报入库流量大于50 m³/s时，提前泄空前期蓄水量空库迎洪。洪水后恢复调蓄水量100万m³供水。

方案4：主汛期平水期水库调蓄水量不超过195万m³供水，兼顾灌溉、发电。城市供水及灌溉日最大清水需水量为24万m³，发电日最大蓄水量为14万m³，合计日最大清水需水量为38万m³，考虑留有一定的浑水蓄水体及泥沙淤积体，控制汛限水位运用，主汛期洪水期空库迎洪，敞泄滞洪排沙运用。当预报入库流量大于50 m³/s时，提前泄空前期蓄水量空库迎洪。洪水后恢复调蓄水量195万m³供水。

二、除险加固改建方案

基于防洪保坝任务要求，除险加固分别就加高大坝、增建不同的泄流设施进行了8个方案的比较：方案1，按现状泄流设施及泄流规模，加高大坝；方案2，新增建一孔泄洪洞，同时加高大坝；方案3，在坝肩增设两孔埋管，同时加高大坝；方案4，在坝肩增设三孔埋管，同时加高大坝；方案5，新增建一孔泄洪洞，再在坝肩增设两孔埋管，同时加高大坝；方案6，新增建一孔泄洪洞，再在坝肩增设三孔埋管，同时加高大坝；方案7，仅增设三孔开敞式溢洪道，不加高大坝；方案8，增设两孔开敞式溢洪道，同时加高大坝。各除险加固方案泄流量见表10-2。

表10-2　各除险加固方案泄流量

水位(m)	除险加固方案泄流量(m³/s)							
	方案1	方案2	方案3	方案4	方案5	方案6	方案7	方案8
1 085	0	0	0	0	0	0	0	0
1 090	110	192	110	110	192	192	110	110
1 095	253	460	253	253	460	460	253	253
1 100	341	621	540	639	820	919	339	339
1 105	410	748	990	1 280	1 328	1 618	408	408
1 106	422	770	1 075	1 402	1 423	1 750	500	420
1 108	445	813	1 246	1 646	1 613	2 014	858	594
1 109	457	835	1 331	1 768	1 709	2 145	1 108	742
1 110	469	857	1 416	1 900	1 804	2 277	1 357	890
1 111	480	876	1 479	1 984	1 875	2 375	1 648	1 069
1 112	490	895	1 541	2 067	1 946	2 472	1 963	1 266
1 114	511	933	1 666	2 244	2 089	2 666	2 659	1 706

水位(m)	除险加固方案泄流量(m³/s)							
	方案 1	方案 2	方案 3	方案 4	方案 5	方案 6	方案 7	方案 8
1 115	521	953	1 729	2 332	2 160	2 764	3 037	1 947
1 116	531	970	1 782	2 407	2 221	2 847	3 434	2 202
1 118	550	1 006	1 888	2 557	2 343	3 012	4 281	2 747
1 120	569	1 040	1 990	2 700	2 461	3 171	5 193	3 338
1 122	587	1 073	2 083	2 832	2 569	3 318	6 167	3 970
1 124	604	1 105	2 174	2 959	2 675	3 460	7 197	4 642
1 126	621	1 136	2 260	3 080	2 775	3 594	8 283	5 350
1 128	637	1 165	2 343	3 195	2 871	3 724	9 420	6 094
1 130	653	1 195	2 425	3 311	2 967	3 853	10 606	6 871
1 132	667	1 221	2 500	3 416	3 054	3 970	11 840	7 680
1 134	681	1 247	2 575	3 521	3 140	4 087	13 120	8 520

第三节　水库冲淤预测计算结果

采用设计的来水来沙系列,按照前述计算原则、计算方法及水库运用方式,各除险加固方案的库区淤积预测结果(见表 10-3 和图 10-3 ~ 图 10-10)分述如下。

表 10-3　各方案泥沙淤积分析成果

蓄水方案	项目		除险加固改建方案							
			方案 1	方案 2	方案 3	方案 4	方案 5	方案 6	方案 7	方案 8
主汛期平水期不蓄水	水库淤积量(万 m³)	施工期 4 年	2 258	2 258	2 258	2 258	2 258	2 258	2 258	2 258
		正常运用 30 年	12 214	5 321	2 293	1 503	1 544	457	1 003	2 247
		年平均	407	177	76	50	51	15	33	82
		百年洪水	3 587	3 182	2 435	1 180	1 754	902	878	1 016
		合计	18 059	10 761	6 986	4 941	5 556	3 617	4 139	5 721
	坝前滩面高程(m)	百年洪水前	1 124.19	1 119.60	1 117.65	1 117.13	1 117.22	1 116.65	1 116.85	1 117.85
		百年洪水后	1 127.22	1 122.30	1 119.72	1 118.78	1 119.01	1 118.09	1 117.97	1 119.34
主汛期平水期蓄水 50 万 m³	水库淤积量(万 m³)	施工期 4 年	2 514	2 514	2 514	2 514	2 514	2 514	2 514	2 514
		正常运用 30 年	13 362	6 677	3 902	3 201	3 445	2 817	2 870	4 015
		年平均	445	223	130	107	115	94	96	134
		百年洪水	3 603	3 200	2 408	1 113	1 308	682	1 055	828
		合计	19 479	12 391	8 824	6 828	7 267	6 013	6 439	7 357
	坝前滩面高程(m)	百年洪水前	1 124.27	1 119.60	1 117.86	1 117.44	1 117.55	1 117.14	1 117.26	1 117.89
		百年洪水后	1 127.29	1 122.29	1 119.88	1 119.04	1 119.26	1 118.49	1 118.18	1 119.24

蓄水方案	项目		除险加固改建方案							
			方案1	方案2	方案3	方案4	方案5	方案6	方案7	方案8
主汛期平水期蓄水100万 m³	水库淤积量（万 m³）	施工期4年	2 661	2 661	2 661	2 661	2 661	2 661	2 661	2 661
		正常运用30年	14 561	7 663	4 691	4 104	4 327	3 719	3 926	4 768
		年平均	485	255	156	137	144	124	131	159
		百年洪水	3 595	3 193	2 381	676	1 274	644	420	1 040
		合计	20 817	13 517	9 733	7 441	8 262	7 024	7 007	8 469
	坝前滩面高程(m)	百年洪水前	1 125.27	1 120.16	1 118.21	1 117.71	1 117.82	1 117.37	1 117.53	1 118.17
		百年洪水后	1 128.29	1 122.84	1 120.21	1 119.26	1 119.51	1 118.69	1 118.29	1 119.45
主汛期平水期蓄水195万 m³	水库淤积量（万 m³）	施工期4年	2 928	2 928	2 928	2 928	2 928	2 928	2 928	2 928
		正常运用30年	16 506	9 651	6 733	5 622	5 792	5 344	5 413	6 576
		年平均	550	322	224	187	193	178	180	219
		百年洪水	3 579	3 182	2 344	735	1 233	701	34	858
		合计	23 013	15 761	12 005	9 285	9 953	8 973	8 375	10 362
	坝前滩面高程(m)	百年洪水前	1 126.97	1 121.69	1 119.51	1 118.88	1 118.93	1 118.54	1 118.73	1 119.46
		百年洪水后	1 129.97	1 124.36	1 121.48	1 120.39	1 120.60	1 119.82	1 118.87	1 120.61

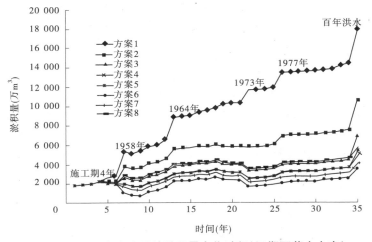

图 10-3　各方案累计淤积量变化过程（汛期不蓄水方案）

一、主汛期平水期蓄水 50 万 m³ 方案

施工期 4 年淤积量为 2 514 万 m³，年均淤积 628 万 m³；淤积滩面高程为 1 114.10 m。

除险加固后水库运用 30 年，各方案库区分别淤积泥沙 13 362 万 m³、6 677 万 m³、3 902 万 m³、3 201 万 m³、3 445 万 m³、2 817 万 m³、2 870 万 m³ 和 4 015 万 m³，年平均淤积量分别为 445 万 m³、223 万 m³、130 万 m³、107 万 m³、115 万 m³、94 万 m³、96 万 m³、134 万

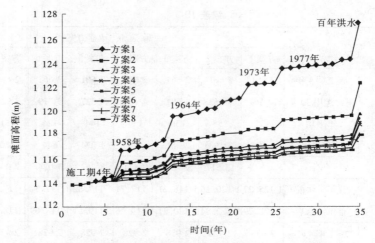

图 10-4　各方案滩面变化过程(汛期不蓄水方案)

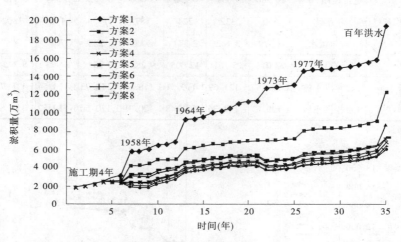

图 10-5　各方案累计淤积量变化过程(汛期蓄水 50 万 m³ 方案)

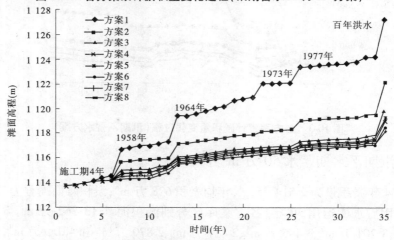

图 10-6　各方案滩面变化过程(汛期蓄水 50 万 m³ 方案)

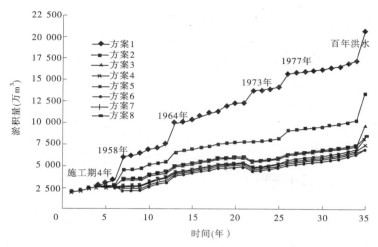

图 10-7 各方案累计淤积量变化过程(汛期蓄水 100 万 m³ 方案)

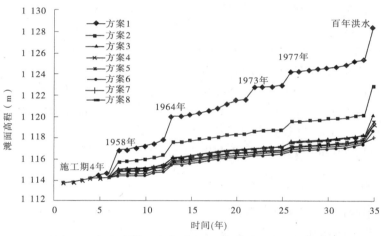

图 10-8 各方案滩面变化过程(汛期蓄水 100 万 m³ 方案)

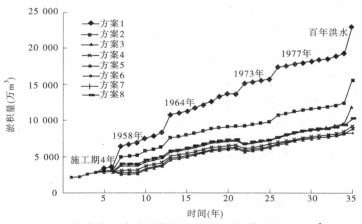

图 10-9 各方案累计淤积量变化过程(汛期蓄水 195 万 m³ 方案)

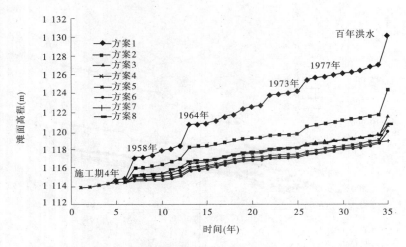

图 10-10 各方案滩面变化过程（汛期蓄水 195 万 m³ 方案）

m³，滩面高程分别达 1 124.27 m、1 119.60 m、1 117.86 m、1 117.44 m、1 117.55 m、1 117.14 m、1 117.26 m、1 117.89 m。

百年一遇洪水各方案淤积量分别为 3 603 万 m³、3 200 万 m³、2 408 万 m³、1 113 万 m³、1 308 万 m³、682 万 m³、1 055 万 m³ 和 828 万 m³。

除险加固后水库运用 30 年，且经百年一遇洪水后各方案库区累计淤积量分别为 19 479 万 m³、12 391 万 m³、8 824 万 m³、6 828 万 m³、7 267 万 m³、6 013 万 m³、6 439 万 m³ 和 7 357 万 m³。滩面高程分别为 1 127.29 m、1 122.29 m、1 119.88 m、1 119.04 m、1 119.26 m、1 118.49 m、1 118.18 m、1 119.24 m。

二、主汛期平水期蓄水 100 万 m³ 方案

施工期 4 年淤积量为 2 661 万 m³，年均淤积 665 万 m³；滩面高程为 1 114.12 m。

除险加固后水库运用 30 年，各方案库区分别淤积泥沙 14 561 万 m³、7 663 万 m³、4 691 万 m³、4 104 万 m³、4 327 万 m³、3 719 万 m³、3 926 万 m³ 和 4 768 万 m³。

百年一遇洪水各改建方案淤积量分别为 3 595 万 m³、3 193 万 m³、2 381 万 m³、676 万 m³、1 274 万 m³、644 万 m³、420 万 m³ 和 1 040 万 m³。

除险加固后水库运用 30 年，且经百年一遇洪水后各改建方案库区累计淤积量分别为 20 817 万 m³、13 517 万 m³、9 733 万 m³、7 441 万 m³、8 262 万 m³、7 024 万 m³、7 007 万 m³ 和 8 469 万 m³，滩面高程分别为 1 128.29 m、1 122.84 m、1 120.21 m、1 119.26 m、1 119.51 m、1 118.69 m、1 118.29 m、1 119.45 m。

三、主汛期平水期不蓄水和蓄水 195 万 m³ 方案

不蓄水方案，除险加固后水库运用 30 年，且经百年一遇洪水后各改建方案库区分别淤积 18 059 万 m³、10 761 万 m³、6 986 万 m³、4 941 万 m³、5 556 万 m³、3 617 万 m³、4 139 万 m³、5 721 万 m³，相应滩面高程分别为 1 127.22 m、1 122.30 m、1 119.72 m、1 118.78 m、1 119.01 m、1 118.09 m、1 117.97 m、1 119.34 m。

蓄水 195 万 m^3 方案,除险加固后水库运用 30 年,且经百年一遇洪水后各改建方案库区分别淤积 23 013 万 m^3、15 761 万 m^3、12 005 万 m^3、9 285 万 m^3、9 953 万 m^3、8 973 万 m^3、8 375 万 m^3、10 362 万 m^3,相应滩面高程分别为 1 129.97 m、1 124.36 m、1 121.48 m、1 120.39 m、1 120.60 m、1 119.82 m、1 118.87 m、1 120.61 m。

四、百年一遇洪水加入时机比较方案淤积分析

为了分析设计水沙系列淤积成果的敏感性,对百年一遇洪水的加入时机进行了分析比较。从计算结果看百年一遇洪水加在 34 年系列年之后是最不利的,是偏安全的,见表 10-4。

表 10-4 百年一遇洪水加入时机方案比较(主汛期蓄水 50 万 m^3)

方案	35 年后滩面高程(黄海,m)	
	方案 7	方案 8
最后加百年洪水	1 118.18	1 119.24
第 5 年加百年洪水	1 117.64	1 118.87
第 11 年加百年洪水	1 118.11	1 119.04

第四节   各方案淤积预测结果比较分析

一、主汛期平水期不同蓄水方案对水库淤积的影响

图 10-3 ~ 图 10-10 是汛期不同蓄水方案巴家嘴水库运用 35 年累积淤积过程及滩面变化过程。可以看出汛期不同蓄水量对水库的淤积影响,经除险加固后,不蓄水方案水库可以达到淤积相对平衡,蓄水 50 万 m^3 方案水库基本可以达到淤积相对平衡,蓄水 100 万 m^3、195 万 m^3 方案库区累计淤积量较大,如方案 7 汛期蓄水 100 万 m^3 运用方案,35 年淤积量为 7 006 万 m^3,相应滩面高程为 1 118.29 m。

考虑到巴家嘴水库城市供水的要求,建议主汛期平水期控蓄水量为 50 万 m^3。

二、不同除险加固方案对水库淤积的影响

不同除险加固方案对水库淤积的影响以主汛期平水期控蓄水量 50 万 m^3 为主进行分析(见图 10-5、图 10-6)。从计算结果中可以看出,方案 1 水库淤积严重,35 年淤积量为 19 479万 m^3,相应滩面高程为 1 127.29 m;方案 2 泄流能力有所增加,但淤积量仍然较大,35 年累计为 12 391 万 m^3,相应滩面高程为 1 122.29 m,泄流能力仍显不足;方案 3 ~ 方案 8 淤积量差别较小,但方案 3 ~ 方案 6 坝肩埋管存在安全隐患,可不予考虑,因此在下面的分析中着重考虑溢洪道方案,即方案 7、方案 8。

经调洪计算,主汛期平水期蓄水 50 万 m^3 情况下,方案 7 水库运用 35 年,滩面高程为 1 118.18 m,见表 10-5,不考虑槽库容调洪条件下,可以满足 15 年一遇洪水不上滩,考虑

槽库容调洪条件下,可以满足 50 年一遇洪水不上滩,50 年一遇最高洪水位 1 117.57 m,低于滩面高程 0.61 m。方案 8 水库运用 35 年,坝前滩面高程为 1 119.24 m,不考虑槽库容调洪条件下,可以满足 5 年一遇洪水不上滩,考虑槽库容调洪条件下,可以满足 40 年一遇洪水不上滩,40 年一遇最高洪水位 1 119.02 m,低于滩面高程 0.22 m。

表 10-5　巴家嘴水库运用 35 年后各方案坝前滩面高程及洪水位

项目			方案 1	方案 2	方案 3	方案 4	方案 5	方案 6	方案 7	方案 8
			现状泄流规模	新建泄洪洞	坝肩两孔埋管	坝肩三孔埋管	泄洪洞+坝肩两孔埋管	泄洪洞+坝肩三孔埋管	开敞式溢洪道（三孔）	开敞式溢洪道（两孔）
汛期蓄水 50 万 m³	滩面	高程(m)	1 127.29	1 122.29	1 119.88	1 119.04	1 119.26	1 118.49	1 118.18	1 119.24
		泄流能力(m³/s)	631	1 078	1 983	2 631	2 417	3 051	4 363	3 113
	最高洪水位(m)	10%	1 120.59	1 118.04	1 115.07	1 113.22	1 113.68	1 112.12	1 113.28	1 115.28
		5%	1 123.39	1 120.76	1 117.83	1 116.2	1 116.56	1 115.11	1 115.25	1 117.28
		3.33%	1 124.80	1 122.22	1 119.24	1 117.59	1 118.02	1 116.62	1 116.37	1 118.36
		2%	1 126.35	1 123.72	1 120.76	1 119.02	1 119.49	1 118.19	1 117.57	1 119.53
		设计洪水	1 128.20	1 125.54	1 122.58	1 120.88	1 121.32	1 119.98	1 119.04	1 120.95
		校核洪水	1 134.23	1 131.06	1 128.32	1 126.65	1 127.06	1 125.74	1 124.07	1 125.94
汛期蓄水 100 万 m³	滩面	高程(m)	1 128.29	1 122.84	1 120.21	1 119.26	1 119.51	1 118.69	1 118.29	1 119.45
		泄流能力(m³/s)	639	1 086	1 999	2 647	2 432	3 067	4 268	3 175
	最高洪水位(m)	10%	1 120.91	1 118.33	1 115.27	1 113.32	1 113.87	1 112.24	1 113.35	1 115.43
		5%	1 123.78	1 121.15	1 118.09	1 116.32	1 116.81	1 115.34	1 115.33	1 117.50
		3.33%	1 125.21	1 122.63	1 119.52	1 117.77	1 118.27	1 116.87	1 116.46	1 118.58
		2%	1 126.79	1 124.17	1 121.06	1 119.21	1 119.83	1 118.46	1 117.69	1 119.82
		设计洪水	1 128.66	1 126.04	1 122.93	1 121.08	1 121.70	1 120.29	1 119.17	1 121.21
		校核洪水	1 134.46	1 131.47	1 128.75	1 126.89	1 127.55	1 126.18	1 124.26	1 126.29

第十一章 除险加固淤积形态设计及有效库容

第一节 库区淤积形态设计

巴家嘴水库运用 35 年后的淤积平衡形态包括河床纵剖面平衡形态和河床横断面平衡形态。图 11-1 ~ 图 11-5 为增建溢洪道方案 7、方案 8 的蒲河干支流河床纵剖面和横断面平衡形态图。

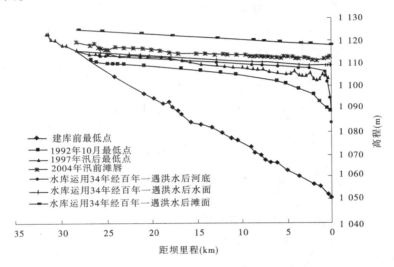

图 11-1 方案 7 蓄水 50 万 m³ 蒲河纵剖面

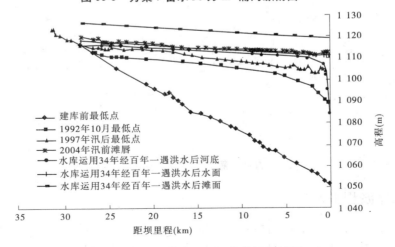

图 11-2 方案 8 蓄水 50 万 m³ 蒲河纵剖面

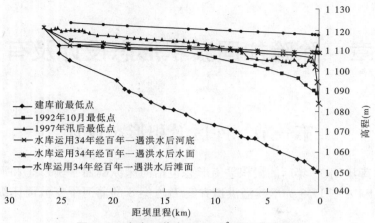

图 11-3　方案 7 蓄水 50 万 m³ 黑河纵剖面

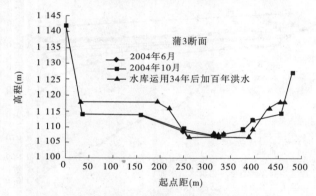

图 11-4　方案 7 蓄水 50 万 m³ 设计库区横断面

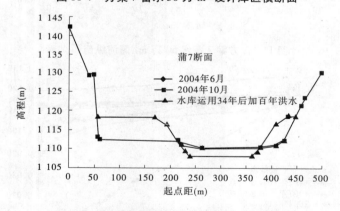

图 11-5　方案 7 蓄水 50 万 m³ 设计库区横断面

一、水库淤积平衡形态

(1)以水库死水位 1 095 m 为控制坝区冲刷漏斗河床纵剖面的侵蚀基准面水位。以主汛期限制水位 1 109 m(方案 7)、1 111 m(方案 8)为控制库区河床纵剖面的侵蚀基准面水位。

（2）以 7～8 月平均流量 11.38 m³/s，按造床流量计算公式 $Q_{造} = 56.3 \overline{Q}_{主汛}^{0.61}$ 及 $Q_{造} = 7.7 \overline{Q}_{主汛}^{0.85} + 90 \overline{Q}_{主汛}^{0.33}$ 综合算得造床流量为 256 m³/s，以造床流量设计干流河段造床流量河槽形态。采用河槽水力几何形态计算公式 $B = 25.8Q^{0.31}$，$h = 0.106Q^{0.44}$，$A = 2.735Q^{0.75}$，$V = 0.365Q^{0.25}$ 计算造床流量河槽水力几何形态。

（3）以坝区冲刷漏斗进口断面主汛期限制水位 1 109 m（方案 7）、1 111 m（方案 8）减造床流量河槽断面的梯形断面水深 1.3 m，求得坝区冲刷漏斗进口断面河底高程，为库区河床纵剖面的起始河底高程 1 107.7 m、1 109.7 m。

（4）采用黄委会设计院关于水库和河道的淤积平衡比降计算公式

$$J = K \frac{Q_s^{0.5} d_{50} n^2}{B^{0.5} h^{1.33}}$$

式中：J 为比降；h 为水深，m；B 为河槽水面宽，m；K 为系数，与汛期平均来沙系数有关，对巴家嘴水库 K 值取为 22；Q_s 为出库输沙率，kg/s；d_{50} 为悬移质泥沙中数粒径，mm；n 为糙率，取 0.02。计算得巴家嘴水库淤积平衡比降为 2.68‰，考虑到巴家嘴水库库区河槽实测淤积平衡比降为 2.6‰，因此按库区淤积平衡比降 2.6‰设计库区干流河床平衡纵剖面。

（5）根据黄河干流潼关、吴堡、府谷，芦河靖边，红河太平窑，黄甫川皇甫，窟野河神木，无定河赵石窑等水文站断面实测资料及青铜峡水库、官厅水库、三门峡水库库区河槽形态资料，综合分析得沙质河床大小河流及小支流造床流量河槽形态公式见表 11-1。由于蒲河属于支流，采用小河流造床流量河槽水面宽计算公式计算造床流量河槽水面宽 $B = 144$ m，并按稳定河宽 $B = A \dfrac{Q^{0.5}}{I^{0.2}}$ 计算造床流量河槽稳定河宽 $B = 142$ m，基本相同（系数 $A = 1.7$）。

表 11-1　沙质河床造床流量下形态特征计算公式

项　目	大河流	小河流	小支流
B(m)	$38.6Q^{0.31}$	$25.8Q^{0.31}$	$17.5Q^{0.31}$
h(m)	$0.081Q^{0.44}$	$0.106Q^{0.44}$	$0.107Q^{0.44}$
A(m²)	$3.12Q^{0.75}$	$2.735Q^{0.75}$	$0.531Q^{0.75}$
v(m/s)	$0.32Q^{0.25}$	$0.365Q^{0.25}$	$0.531Q^{0.25}$

注：流量单位为 m³/s。

（6）求得干流河段造床流量河槽形态为：水面宽 144 m，底宽 126 m，水深 1.3 m，河槽边坡 1:7。

（7）在造床流量河槽水面（相应主汛期限制水位水面线）以上至滩面为调蓄河槽，调蓄河槽边坡在距滩面 2 m 以下为 1:5，以上为 1:12，因滩上水流归槽时有水流滑溜边坡现象。

（8）以坝区冲刷漏斗进口断面的滩面高程作为库区淤积滩面的基准面高程，滩面比降与河床纵比降相同，为 2.6‰。实测资料表明巴家嘴水库的滩、槽淤积比降相同。

（9）支流蒲河主汛期平均流量 9.63 m³/s，按造床流量计算公式算得造床流量为 234 m³/s。与汇合口以下干流河段造床流量接近。采用相同于干流的河槽水力几何形态计算式算得支流蒲河造床流量河槽形态为：水面宽 140 m，底宽 122 m，水深 1.3 m，河槽边坡 1:7。河床和滩面比降均采用 2.6‰，与汇合口以下干流河段比降相同。在造床流量河槽水面线以上至滩面线为调蓄河槽，调蓄河槽边坡在距滩面 2 m 以下为 1:5，以上为 1:12。

（10）支流黑河主汛期平均流量 1.75 m³/s，按造床流量计算公式算得造床流量为

79.2 m³/s,远小于支流蒲河,属于较小支流。按小支流河槽水力几何形态计算式计算造床流量河槽水力几何形态,算得造床流量河槽形态为:水面宽 68 m,底宽 57 m,水深 0.8 m,河槽边坡 1:7。河床纵比降采用 2.35‰(实测支流黑河淤积比降),滩面比降与河底比降相同。在造床流量河槽水面线以上至滩面线为调蓄河槽,同样调蓄河槽边坡也是在距滩面 2 m 以下为 1:5,以上为 1:12。

二、按设计的水库淤积平衡形态计算水库库容

对于方案 7、方案 8,按上述设计的水库冲淤平衡河床纵剖面形态和河槽横断面形态,与实测的纵横断面形态相比,比较符合实际,故其库容预测成果亦将比较符合实际。

增建溢洪道方案 7:水库淤积末端高程为 1 126 m,在高程 1 126 m 以下,总库容 1.57 亿 m³,其中蒲河干支流库容 1.21 亿 m³,支流黑河库容 0.36 亿 m³。增建溢洪道方案 8,水库淤积末端高程为 1 127 m,在高程 1 127 m 以下,总库容 1.64 亿 m³,其中蒲河干支流库容 1.26 亿 m³,支流黑河库容 0.38 亿 m³。与淤积分布方程计算的总库容基本相同。

第二节　坝前漏斗形态

一、2004 年 6 月实测坝区冲刷漏斗形态

据 2004 年 6 月实测坝前漏斗地形资料分析,坝区冲刷漏斗总长度达 1 300 m 以上,水位 1 109 m 以下坝区冲刷漏斗横断面宽阔,纵剖面比较陡,出现多级坡降,越靠近孔洞纵坡越陡。

2004 年 6 月坝区冲刷漏斗纵横断面形态见图 11-6 ~ 图 11-11。

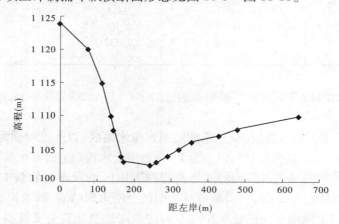

图 11-6　老泄洪洞前 5 m 2004 年 6 月实测断面

坝区漏斗进口距泄洪洞 2 321 m,相当于蒲 3 断面(1992 年以前)上游 270 m 的位置,相应于 2004 年 6 月蒲淤 6 ~ 7 断面中间。坝区漏斗进口断面槽底平均高程 1 107.7 m,槽底宽 98 m,汛限水位 1 109 m 处槽宽 251 m、槽深 1.3 m,汛限水位 1 109 m 以上至滩面以下 2 m,河槽边坡为 1:5,滩面以下 2 m 内,河槽边坡为 1:12。漏斗进口断面高程 1 109.25

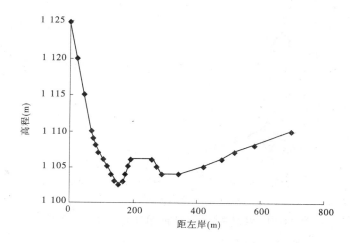

图 11-7　新泄洪洞前 44 m 2004 年 6 月实测断面

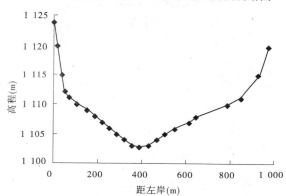

图 11-8　老泄洪洞前 236 m 2004 年 6 月实测断面

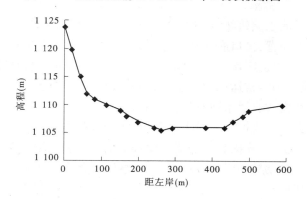

图 11-9　老泄洪洞前 564 m 2004 年 6 月实测断面

m,滩槽高差 11. 55 m。

这是水库非汛期蓄水淤积情况下的坝区冲刷漏斗,受到非汛期泥沙淤积的影响,而且仅开启输水洞泄流,因此并非水库主汛期敞泄滞洪排沙和降水冲刷条件下的坝区冲刷漏斗形态,但也可以看出坝区冲刷漏斗的迹象。

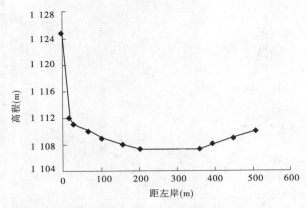

图 11-10　老泄洪洞前 890 m 2004 年 6 月实测断面

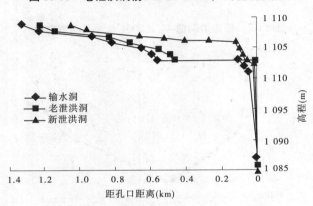

图例：
◆ 输水洞
■ 老泄洪洞
▲ 新泄洪洞

图 11-11　漏斗区 2004 年 6 月实测纵剖面

二、坝区冲刷漏斗形态设计

巴家嘴水库现状泄水建筑物有 1 条输水洞、2 条泄洪洞,集中布置在大坝上游左岸,但各泄水孔洞仍分散布置,进口底坎高程分别为 1 087 m、1 085.5 m 和 1 085 m。增建溢洪道方案 7、方案 8,溢洪道底坎高程分别为 1 105 m、1 106 m,位置较高,但泄流规模大。一般情况下,三条泄水洞经常运用,在洪水时期,增建溢洪道要起主要泄洪作用。因此,坝区冲刷漏斗形态要考虑所有泄水建筑物作用的影响。

在除险加固扩大泄流规模完成投入运用后,按照水库设计的运用方式运行,坝区大冲刷漏斗范围将要显著扩大,坝区大冲刷漏斗库容要增大。利用坝区大冲刷漏斗的库容,可以满足水库主汛期平水期控制汛限水位,施行低壅水调蓄水量,满足城市供水。

坝区大冲刷漏斗形态设计,以主汛期限制水位为坝区大冲刷漏斗形态的控制水位,各泄水建筑物开闸泄流敞泄排沙运用。坝区大冲刷漏斗区域内的滩面为水库运用 35 年后的最高淤积滩面,主汛期限制水位以下的漏斗河槽形态则在水库运用中经常出现,不受水库运用远近期的影响。

坝区大冲刷漏斗相对平衡形态,根据已建水库实测坝区大冲刷漏斗形态,结合巴家嘴水库具体情况进行设计,比较符合实际。在水库实际运用中会有一些不同的变化。方案

7 设计坝区大冲刷漏斗纵、横断面形态见图 11-12 ～图 11-17 及表 11-2、表 11-3。

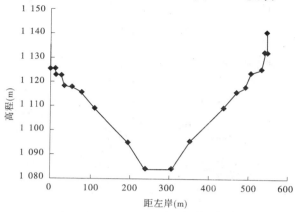

图 11-12　距坝 105 m 处设计淤积断面

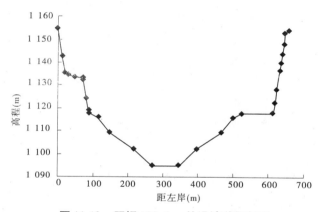

图 11-13　距坝 188.6 m 处设计淤积断面

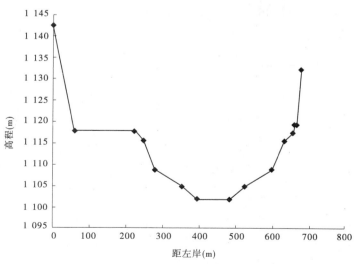

图 11-14　距坝 428.6 m 处设计淤积断面

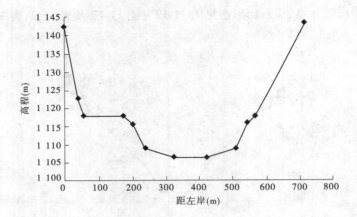

图 11-15 距坝 656.6 m 处设计淤积断面

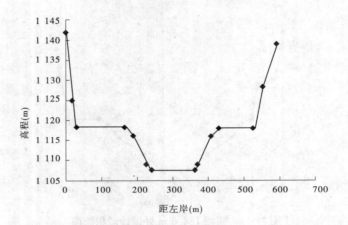

图 11-16 距坝 2 421.3 m 处设计淤积断面

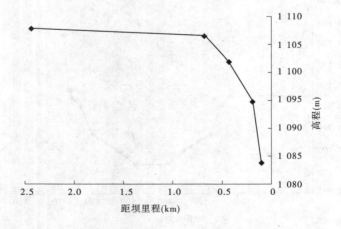

图 11-17 漏斗区设计淤积纵剖面

表11-2 增建溢洪道方案7设计坝区大冲刷漏斗横断面形态特征值

项目	横断面1	横断面2	横断面3	横断面4	横断面5
距泄洪洞里程(m)	5	88.6	328.6	556.6	2 321.3
槽底高程(m)	1 083.70	1 094.74	1 101.94	1 106.50	1 107.70
槽底宽(m)	68	78	88	98	126
高程槽深(m)	1 083.70~1 095 m 11.3	1 094.74~1 102 m 7.26	1 101.94~1 105 m 3.06	1 106.5~1 109 m 2.5	1 107.7~1 109 m 1.3
河槽边坡	1:4	1:7	1:14	1:35	1:7
高程处槽宽(m)	1 095 m 高程处 158.4	1 102 m 高程处 179.64	1 105 m 高程处 173.68	1 109 m 高程处 273	1 109 m 高程处 144
高程槽深(m)	1 095~1 109 m 14	1 102~1 109 m 7	1 105~1 109 m 4	1 109~1 115.72 m 6.72	1 109~1 116.18 m 7.18
河槽边坡	1:6	1:10	1:18	1:5	1:5
高程处槽宽(m)	1 109 m 高程处 326.4	1 109 m 高程处 319.64	1 109 m 高程处 317.68	1 115.72 m 高程处 340.2	1 116.18 m 高程处 215.8
高程槽深(m)	1 109~1 115.58 m 6.58	1 109~1 115.60 m 6.60	1 109~1 115.66 m 6.66	1 115.72~1 117.72 m 2	1 116.18~1 118.18 m 2
河槽边坡	1:5	1:5	1:5	1:12	1:12
高程处槽宽(m)	1 115.58 m 高程处 392.2	1 115.60 m 高程处 385.64	1 115.66 m 高程处 384.28	1 117.72 m 高程处 388.2	1 118.18 m 高程处 263.8
高程槽深(m)	1 115.58~1 117.58 m 2	1 115.60~1 117.60 m 2	1 115.66~1 117.66 m 2		
河槽边坡	1:12	1:12	1:12		
高程处槽宽(m)	1 117.58 m 高程处 440.2	1 117.60 m 高程处 433.64	1 117.66 m 高程处 432.28		
滩面高程(m)	1 117.58	1 117.60	1 117.66	1 117.72	1 118.18

表 11-3 增建溢洪道方案 7 设计坝区大冲刷漏斗纵剖面形态特征值

项目	特征值	项目	特征值
汛期限制水位(m)	1 109	泄洪洞前水深(m)	25.3
死水位(m)	1 095	漏斗纵坡段第 1 段坡降	0.132
泄洪洞进口高程(m)	1 085	漏斗纵坡段第 2 段坡降	0.03
泄洪洞尺寸(宽×高)(m)	5×7.5	漏斗纵坡段第 3 段坡降	0.02
老泄洪洞进口高程(m)	1 085.5	第 4 段坡降	0.000 68
老泄洪洞洞径 ϕ(m)	4	坝区滩面比降 i(‰)	2.6
输水洞进口高程(m)	1 087	泄洪洞滩面高程(m)	1 117.58
输水洞洞径 ϕ(m)	2	漏斗纵坡第 1 段顶点 h_1/H	0.46
方案 7 溢洪道底坎高程	1 105	漏斗纵坡第 1 段顶点深度 h_1(m)	11.04
方案 7 溢洪道宽度(m)	36	漏斗纵坡第 2 段顶点 h_2/H	0.30
泄流设施合计进水宽度	47	漏斗纵坡第 2 段顶点深度 h_2(m)	7.2
漏斗底部水流宽度(m)	100	漏斗纵坡第 3 段顶点 h_3/H	0.19
7~8 月入库平均流量(m³/s)	11.4	漏斗纵坡第 3 段顶点深度 h_3(m)	4.56
平均含沙量(kg/m³)	373	漏斗纵坡第 4 段顶点 h_4/H	0.05
悬移质中数粒径(mm)	0.022	漏斗纵坡第 4 段顶点深度 h_4(m)	1.2
坝区河床淤积物中数粒径(mm)	0.035	漏斗纵坡第 1 段长度 l_1(m)	83.6
泄洪洞前冲刷深度(m)	1.3	漏斗纵坡第 2 段长度 l_2(m)	240
泄洪洞前冲刷平底段长度(m)	5	漏斗纵坡第 3 段长度 l_3(m)	228
泄洪洞前河底高程(m)	1 083.7	漏斗纵坡第 4 段长度 l_4(m)	1 764.7
造床流量(m³/s)	256	坝区冲刷漏斗总长度 l(m)	2 321.3
坝区漏斗进口水面宽度(m)	144	坝区冲刷漏斗平底段高程(m)	1 083.70
坝区漏斗进口槽底宽度(m)	126	漏斗纵坡第 1 段顶点高程(m)	1 094.74
坝区漏斗进口梯形水深(m)	1.3	漏斗纵坡第 2 段顶点高程(m)	1 101.94
坝区漏斗进口河底高程(m)	1 107.70	漏斗纵坡第 3 段顶点高程(m)	1 106.50
坝区漏斗总深度(m)	24	漏斗纵坡第 4 段顶点高程(m)	1 107.70

根据设计的主汛期限制水位以下的坝区大冲刷漏斗形态,坝区大冲刷漏斗在主汛期限制水位以下有效库容约200万 m³,变化范围为170万~230万 m³。在实际应用中要避免坝区大冲刷漏斗被淤没。巴家嘴水库主汛期平水期控制低水位运用,调蓄水量50万 m³,包括蓄水时一定数量的泥沙淤积在内,漏斗库容可以满足供水调蓄水量的要求。

第三节 有效库容变化

根据巴家嘴水库除险加固工程改建各方案水库运用35年泥沙淤积计算成果,采用淤积分布方程,得各方案水库运用35年有效库容。按淤积平衡形态,采用断面法库容进行校核,经对比两种方法计算结果比较接近。表11-4、表11-5为主汛期平水期蓄水50万 m³ 和100万 m³ 两种运用条件下各方案的库容,图11-18、图11-19为各方案的库容曲线。

表 11-4　巴家嘴水库各方案运行 35 年后库容(主汛期平水期蓄水 50 万 m³)

(单位:亿 m³)

水位(m)	方案1	方案2	方案3	方案4	方案5	方案6	方案7	方案8
1 085	0	0	0	0	0	0	0	0
1 090	0	0	0.000 1	0.000 1	0.000 1	0.000 1	0.000 1	0.000 1
1 095	0.001	0.000 6	0.000 7	0.000 8	0.000 7	0.000 8	0.000 7	0.000 7
1 100	0.003	0.003	0.003	0.004	0.004	0.004	0.004	0.004
1 105	0.009	0.009	0.011	0.012	0.011	0.012	0.011	0.011
1 106	0.011	0.011	0.013	0.014	0.014	0.014	0.014	0.014
1 108	0.016	0.016	0.019	0.020	0.020	0.021	0.020	0.020
1 110	0.029	0.032	0.037	0.041	0.040	0.043	0.042	0.040
1 112	0.056	0.066	0.080	0.090	0.087	0.094	0.092	0.087
1 114	0.097	0.116	0.142	0.160	0.156	0.169	0.165	0.155
1 116	0.152	0.186	0.228	0.259	0.252	0.275	0.267	0.251
1 118	0.226	0.279	0.345	0.392	0.382	0.416	0.405	0.380
1 120	0.323	0.401	0.498	0.567	0.552	0.603	0.586	0.549
1 122	0.447	0.558	0.694	0.791	0.770	0.842	0.819	0.766
1 124	0.603	0.756	0.941	1.073	1.045	1.144	1.112	1.039
1 126	0.795	1.000	1.247	1.423	1.386	1.549	1.506	1.378
1 128	1.030	1.299	1.654	1.853	1.809	1.935	1.892	1.801
1 130	1.314	1.693	2.050	2.249	2.205	2.331	2.288	2.197
1 132	1.652	2.220	2.577	2.776	2.732	2.858	2.815	2.723
1 134	2.052	2.757	3.114	3.313	3.270	3.395	3.352	3.261

表 11-5　巴家嘴水库各方案运行 35 年后库容(主汛期平水期蓄水 100 万 m³)

(单位:亿 m³)

水位(m)	方案 1	方案 2	方案 3	方案 4	方案 5	方案 6	方案 7	方案 8
1 085	0	0	0	0	0	0	0	0
1 090	0	0	0	0.000 1	0.000 1	0.000 1	0.000 1	0.000 1
1 095	0.001	0.000 6	0.000 7	0.000 7	0.000 7	0.000 7	0.000 7	0.000 7
1 100	0.003	0.003	0.003	0.004	0.003	0.004	0.004	0.003
1 105	0.008	0.009	0.010	0.011	0.011	0.011	0.011	0.010
1 106	0.010	0.011	0.012	0.014	0.013	0.013	0.013	0.013
1 108	0.015	0.017	0.019	0.020	0.019	0.019	0.019	0.018
1 110	0.027	0.030	0.035	0.040	0.038	0.040	0.040	0.037
1 112	0.053	0.062	0.076	0.086	0.082	0.088	0.088	0.081
1 114	0.091	0.108	0.134	0.155	0.147	0.158	0.159	0.145
1 116	0.143	0.173	0.216	0.250	0.237	0.257	0.257	0.234
1 118	0.213	0.260	0.326	0.378	0.358	0.389	0.390	0.354
1 120	0.305	0.375	0.471	0.546	0.518	0.563	0.564	0.511
1 122	0.422	0.521	0.656	0.762	0.723	0.787	0.788	0.713
1 124	0.568	0.705	0.889	1.034	0.981	1.069	1.070	0.967
1 126	0.750	0.933	1.178	1.371	1.301	1.448	1.449	1.283
1 128	0.971	1.212	1.563	1.792	1.710	1.834	1.836	1.689
1 130	1.238	1.580	1.959	2.188	2.106	2.230	2.232	2.085
1 132	1.557	2.107	2.486	2.715	2.633	2.757	2.758	2.612
1 134	1.934	2.645	3.023	3.252	3.170	3.294	3.296	3.149

　　主汛期平水期蓄水 50 万 m³,各改建方案水库运行 35 年后 1 124 m 高程以下库容分别为 0.603 亿 m³、0.756 亿 m³、0.941 亿 m³、1.073 亿 m³、1.045 亿 m³、1.144 亿 m³、1.112 亿 m³、1.039 亿 m³,与 2004 年 6 月实测库容 1.780 亿 m³ 相比,分别损失 66.1%、57.5%、47.1%、39.7%、41.3%、35.7%、37.5%、41.6%,损失较为严重,方案 4~方案 8 可以保持 1 亿 m³ 以上库容。主汛期平水期蓄水 100 万 m³,由于蓄水较多,淤积量比蓄水 50 万 m³ 方案有所增加,库容损失相对更多,各改建方案水库运行 35 年后 1 124 m 高程以下库容分别为 0.568 亿 m³、0.705 亿 m³、0.889 亿 m³、1.034 亿 m³、0.981 亿 m³、1.069 亿 m³、1.070 亿 m³、0.967 亿 m³,与 2004 年 6 月实测库容 1.780 亿 m³ 相比,分别损失 68.1%、60.4%、50.0%、41.9%、44.9%、39.9%、39.9%、45.7%。

　　表 11-6 为巴家嘴水库除险加固工程经施工期 4 年淤积后库容(主汛期平水期蓄水 50 万 m³ 方案),及 2004 年 6 月实测的库容,可以看出施工期的库容变化。

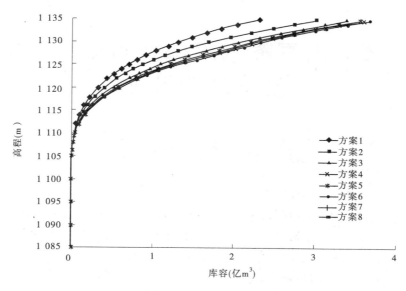

图 11-18　各改建方案经百年洪水后有效库容曲线

（主汛期平水期蓄水 50 万 m³）

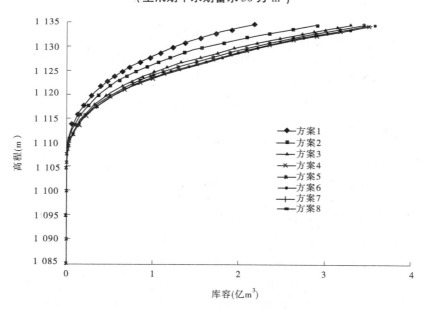

图 11-19　各改建方案经百年洪水后有效库容曲线

（主汛期平水期蓄水 100 万 m³）

表 11-6　巴家嘴水库经施工期 4 年淤积后库容（主汛期平水期蓄水 50 万 m³）

（单位：亿 m³）

水位（m）	1 085	1 095	1 100	1 106	1 108	1 112	1 116	1 120	1 124	1 128	1 132	1 134
2004 年	0	0	0	0	0.009	0.054	0.428	0.992	1.780	2.536	3.459	3.996
施工期	0	0.001	0.004	0.014	0.020	0.115	0.354	0.794	1.528	2.285	3.208	3.745

第十二章 巴家嘴水库保持有效库容条件及泄流规模论证

第一节 保持库容条件

水库保持库容是水库长期防洪保坝安全、发挥综合利用效益的前提条件。水库保持库容的关键性因素是控制水库泥沙淤积。控制泥沙淤积是在满足水库设计水位条件下控制泥沙淤积部位和泥沙淤积数量。只有这样才能使水库长期防洪保坝安全、发挥综合利用效益。

水库泥沙淤积控制要具备四个基本因素,四个基本因素相辅相成、结合起来形成保持库容的条件。

一、河流特性自然因素

水库要修建在悬移质挟沙力足够大、悬移质含沙量不饱和、具有较大自然坡降、侵蚀性砂卵石河床的山区峡谷型河段上。如果水库修建在强烈堆积的平原河流上,则不能期望建库后会形成输沙平衡的新河道,因而水库在一定时期内会被淤废而失效。巴家嘴水库具备这个有利的河流特性自然因素。

二、水库泄流排沙能力

水库在正常运用时期,死水位和汛期限制水位(兴利运用限制水位、防洪运用起调水位,下同)下要有足够大的泄流能力。水库在"蓄清排浑、调水调沙"运用中,能够在汛期排沙期将上游来沙排出库外,并能冲刷非汛期和滞洪期淤积在槽库容内的泥沙,达到年内或多年调沙周期内库区冲淤相对平衡;控制滩库容不受一般洪水淤积和较大洪水上滩淤积的影响,保持滩库容相对稳定。巴家嘴水库除险加固设计方案7,增建溢洪道泄流设施的布置,能够增大水库低水位泄流排沙能力,满足在水库死水位和汛期限制水位有足够大的泄流排沙能力。能够控制较低滩面并控制洪水上滩淤积,形成较大槽库容,保持槽库容和滩库容的相对稳定,达到高滩深槽平衡形态,具有满足防洪保坝安全和综合运用效益的条件。

三、水库淤积部位和淤积数量的控制

水库泥沙淤积部位的控制,主要是使泥沙淤积在设计的死库容(死水位以下库容)和淤积平衡河底线以上及库区滩面线以下的拦沙库容内,不使泥沙淤占和淤堵设计的调节库容;对于水库的滩库容(滩面以上的原始库容)则要控制不受非设计洪水及一般洪水滞洪淤积的影响。对于坝区泥沙淤积问题,要保持底孔前有较大范围的坝区大冲刷漏斗,控

制底孔前较低的淤积面高程,发挥大冲刷漏斗库容异重流排沙和调水调沙的作用,控制库区淤积平衡形态的基准面。巴家嘴水库死水位、汛期限制水位的泄流规模的确定要满足水库淤积部位控制的要求。

水库淤积数量的控制,包括水库设防水位(设计和校核洪水位)以下总淤积量的控制和兴利调节库容淤积量的控制,以及槽库容和滩库容淤积量的控制,以保持水库防洪标准不降低和水库综合运用正常进行。目前巴家嘴水库允许最高蓄水位为 1 123.84 m,2004年 6 月实测库容为 1.75 亿 m³,现状泄流规模条件下调洪计算结果表明,仅可防御 720 年一遇的洪水。除险加固工程设计扩大泄流规模方案,要控制在今后 35 年内(工程施工期4 年,正常运用期 30 年,再加一次百年一遇洪水年)水库淤积量小于 7 000 万 m³,保持有效库容不小于 1 亿 m³,满足 2 000 年一遇校核洪水的防洪标准要求。

四、合理的运用方式

具备了上述控制水库泥沙淤积的三个因素之后,还需要有合理的水库运用方式来实现水库泥沙淤积的控制,否则仍不能达到保持库容的目的。巴家嘴水库为含沙量很高的高含沙水流水库。水库排沙有高含沙异重流排沙、高含沙浑水水库排沙、高含沙浑水明流排沙等多种情形。高含沙水流进入水库后可能形成浆河,一般在库尾段滩地,可能以浆河形式淤积一部分,其余沿主槽流动,可以是明流或异重流,当泄水建筑物不开启或开启很小时,不能及时泄流排沙,则形成浑水水库,泄水建筑物开启时,则以明流或异重流排沙。当水库为空库泄流状态时,高含沙水流入库后以敞泄明流形式流动,并可能产生冲刷。高含沙水流不能及时通过泄水建筑物排出水库时,则在坝前或在库区壅水形成浑液面沉降,淤下的细颗粒泥沙经过浓缩呈泥浆状态,一般可能是水中浆河或滞流层,也有可能是以缓慢速度移动的异重流。对于粗颗粒泥沙,则会较快沉积于河床上,对于细颗粒泥沙,也会在以浑液面下降浓缩沉降过程中缓慢沉积于河床上,同时通过泄水建筑物以高浓度水流形式排泄一部分泥沙出库。因排泄水量少,虽出库水流含沙量高(甚至高于入库水流含沙量),但排出沙量少,大量入库泥沙沉积在库区滩地上和河槽内,使库区滩地和河槽淤高,甚至河槽被完全淤塞,库区全断面平行淤高。如果水库受蓄水运用控制,或在槽库容内蓄水,均形成高含沙水流滞流层或局部浆河或全库浆河,此时滩地水浅坡缓或河槽内水深坡缓,水流底部切应力小于宾汉极限切应力,当入库洪水消落时,就在滩地和河槽内发生泥沙大量淤积,使库区全断面平行淤高。若水库"非汛期蓄水运用,汛期敞泄排沙运用",在汛期入库洪水小时,水库滞蓄洪水少,高含沙洪水挟沙能力大,容易排沙出库,甚至高含沙水流还冲刷前期淤积物,恢复一部分槽库容。

巴家嘴水库在以往泄流规模小的条件下,因水库运用方式不同,水库排沙能力不同,水库淤积情况也有很大的不同。例如:1960 年 2 月截流后至 1964 年 7 月底为蓄水运用,绝大部分泥沙拦在库内,1964 年 8 月中旬以后,淤积面超过泄水洞口高程;1964 年 8 月至1969 年汛末,泄水洞闸门经常处于开启状态,洪水时短期壅水,为滞洪运用,平水期泄流排沙,或库干,此时期水库洪峰排沙比为 50% ~90% ,库区出现河槽;1969 年汛末以后,水库又转入蓄水运用阶段,洪峰排沙比为 0.6% ~33% ,排沙能力显著减小,至 1970 年 10 月库区河槽淤平,全断面平行淤高。又如 1977 年 8 ~9 月,水库敞泄滞洪排沙运用时出现高含沙水流,滩地淤高,河槽刷深;1980 年 5～9 月,非汛期蓄水运用时,全断面平行淤高,呈水平淤积状态,没有河槽,汛期敞泄滞洪排沙运用时,发生降水冲刷,溯源冲刷较强烈,从前期淤高的滩地上冲刷下切河槽,因汛期洪水小,滩地淤高很少。这些实例说明,即使水库泄流规模小,因水库运用方式不同,库区冲淤情况也不相同。因此,在除险加固设计增大水库泄流规模的条件下,水库采取"非汛期较高水位(1 115 m 以下)蓄水供水灌溉,汛期洪水期空库迎洪,敞泄滞洪排沙,平水期限制水位以下低壅水蓄水供水"的"蓄清排浑"运用方式,可以发挥巴家嘴水库高含沙水流排沙减淤的作用。

根据上述水库保持库容条件分析,具体确定巴家嘴水库的设计水位和泄流规模及水库运用方式,以实现水库防洪保坝供水为主、兼顾灌溉的任务。

第二节　设计水位控制

水库设计水位控制是实现任务的三大重要措施之一,它完整地构成了水库的运用体系。对方案 7、方案 8 分析设计水位如下。

一、水库最高蓄水位

巴家嘴水库最高蓄水位即校核洪水位。

目前巴家嘴水库坝顶高程 1 124.43 m,防浪墙顶高程 1 125.63 m,考虑浪高和安全超高等因素,巴家嘴水库现状情况下允许最高蓄水位为 1 123.84 m。

考虑到水库增建的泄流设施采用溢洪道方案,对于方案 7 主汛期蓄水 50 万 m³ 方案,不加坝情况下,水库运用 35 年淤积 6 438 万 m³,35 年后水库达到冲淤相对平衡,保持库容相对稳定,校核洪水位 1 124.07 m 下库容 1.125 亿 m³。对于方案 7 主汛期蓄水 50 万 m³ 方案,加坝 1.9 m,水库运用 35 年淤积 7 356 万 m³,35 年后水库达到冲淤相对平衡,保持库容相对稳定,校核洪水位 1 125.94 m 下库容 1.368 亿 m³。

二、水库正常蓄水位

巴家嘴水库正常蓄水位即非汛期蓄水兴利正常蓄水位。考虑非汛期及 9 月 16 日至 10 月的来沙全部拦在库内,根据水库非汛期蓄水调节径流满足供水灌溉的兴利要求,控制水库非汛期蓄水拦沙库容平均为 2 000 万 m³,非汛期正常蓄水位可选为 1 115 m。

三、水库主汛期限制水位

巴家嘴水库主汛期限制水位,即主汛期兴利蓄水最高水位。

根据巴家嘴水库入库洪水(含区间)出现时段的历年统计资料,分析入库洪水特性,巴家嘴水库主汛期选定为 6 月 20 日～9 月 15 日。主汛期限制水位也就是水库主汛期平水期供水调蓄水量的最高运用水位。水库主汛期为空库迎洪,因此防洪起调水位应为死水位 1 095 m,但考虑到洪水前有可能来不及泄空前期来水量或来不及冲走前期蓄水的河槽淤积物,为安全起见,防洪起调水位采用主汛期平水期供水调蓄水量的最高运用水位。主汛期平水期供水调蓄水量研究确定为 50 万 m³,包括一定的蓄水淤积体和一定的浑水体。根据以上设计条件,考虑留有一定余地,除险加固方案 7,主汛期限制水位为 1 109 m,相应泄流规模为 1 108 m³/s,相当于 3 年一遇洪峰流量(1 090 m³/s);除险加固方案 8,主汛期限制水位为 1 111 m,相应泄流规模为 1 069 m³/s,与 3 年一遇洪峰流量基本相当。

四、基流冲刷水位

考虑到巴家嘴水库洪水历时短、基流时间长,为长期保持汛限水位下坝区漏斗平衡库容 200 万 m³,有足够的满足城乡供水需求的有效库容,需要设置汛期一定时间的基流冲刷。考虑到与城乡供水的结合,据水库运用 35 年后库容曲线,汛期基流冲刷限制水位为 1 100 m,于每年的 7 月 1~15 日进行基流冲刷。

五、水库死水位

水库死水位即空库迎洪的防洪起调水位。

巴家嘴水库输水洞为压力流,输水洞进口底坎高程为 1 087 m,洞径 2 m,为使输水洞安全泄流处于淹没水流状态,确定水库死水位为 1 095 m。水库死水位 1 095 m,有利于发挥两个泄洪洞和输水洞联合泄流排沙作用,可以扩大坝区冲刷漏斗的横向宽度和纵向长度,扩大冲刷漏斗库容,发挥冲刷漏斗调节坝区水流泥沙运动的作用,有利于高含沙异重流排沙和高含沙明流排沙,有利于水库降低水位溯源冲刷,从而控制库区较低的河床纵剖面,获得较大的槽库容,成为水库冲刷平衡河床纵剖面的侵蚀基准面。

六、防洪起调水位

水库主汛期为空库迎洪,防洪起调水位应为死水位 1 095 m,当预报入库洪水 50 m³/s(报汛起报流量)时,应立即泄空前期淤积蓄水量以空库迎洪。但巴家嘴水库洪水的涨峰历时短,有可能来不及完全泄空前期蓄水量,为安全起见,在除险加固设计计算时,防洪起调水位采用主汛期平水期兴利供水的最高蓄水位,在工程管理的实际应用中,防洪起调水位仍应采用死水位 1 095 m。

第三节　水库泄流规模

巴家嘴水库泄流规模为防洪保坝安全所需,要满足经济合理和技术可行的双重要求。因此,既要控制水库泥沙淤积,又要允许水库在一定时期内继续缓慢地淤高滩地,减少一部分滩库容,保持水库防洪保坝安全所需要的具有高滩深槽平衡形态的长期有效库容。

巴家嘴水库的运用实践经验表明,水库泄流规模的主要任务是保持足够大的滩库容和槽库容,获得比较大的总库容,控制较低的滩面高程和较低的河底高程。

泄流规模不仅是要确定水库最高蓄水位的总泄流规模,还要确定水库死水位泄流规模、水库主汛期限制水位泄流规模、水库淤积相对平衡后的平滩水位泄流规模。设计满足各级设计水位泄量要求的水库泄流曲线,这是多沙河流水库泄流曲线的显著特点。

以下以主汛期平水期蓄水 50 万 m³ 除险加固方案 7、方案 8 为主,分析巴家嘴水库总泄流规模、各级特征水位泄流规模和泄流曲线特点。各方案特征水位及相应泄流能力见

表 12-1。

表 12-1 各方案特征水位及相应泄流能力

项目	方案 1	方案 2	方案 3	方案 4	方案 5	方案 6	方案 7	方案 8
死水位(m)	1 095	1 095	1 095	1 095	1 095	1 095	1 095	1 095
对应泄量 (m^3/s)	253	460	253	253	460	460	253	253
汛限水位 (m)	1 109	1 109	1 109	1 109	1 109	1 109	1 109	1 111
对应泄量 (m^3/s)	457	835	1 331	1 768	1 709	2 145	1 108	1 069
设计洪水位 (m)	1 128.2	1 125.54	1 122.58	1 120.88	1 121.32	1 119.98	1 119.04	1 120.95
对应泄量 (m^3/s)	638	1 129	2 110	2 758	2 532	3 170	4 733	3 634
校核洪水位 (m)	1 134.23	1 131.06	1 128.32	1 126.65	1 127.06	1 125.74	1 124.07	1 125.94
对应泄量 (m^3/s)	683	1 209	2 356	3 117	2 826	3 577	7 210	5 329

注:主汛期平水期蓄水 50 万 m^3。

一、水库总泄流规模

巴家嘴水库总泄流规模要满足在水库淤积相对平衡后,2 000 年一遇校核洪水位不超过水库最高蓄水位的要求。它有两个基本要素:①总泄流规模能控制水库泥沙淤积相对平衡,其有效库容满足 2 000 年一遇校核洪水调洪库容要求;②要求增建的泄水建筑物设施经济合理、安全可行。

方案 7,水库现状坝高允许最高蓄洪水位 1 123.84 m,总泄流规模为 7 114 m^3/s,约相当于巴家嘴水库近 40 年一遇洪峰流量。水库"蓄清排浑运用,主汛期洪水期空库迎洪、平水期低壅水蓄水 50 万 m^3"。运用 35 年达到淤积相对平衡形成高滩深槽平衡形态后,坝前滩面高程 1 118.18 m,河底高程 1 107.7 m(坝区漏斗进口断面,距坝 2 421.3 m),库水位 1 123.84 m,保持库容 1.089 亿 m^3,2 000 年一遇校核洪水位 1 124.07 m,略高于现状坝高允许的最高蓄水位 1 123.84 m,符合防洪保坝安全要求,基本不需要加高坝体。

方案 8,校核水位 1 125.94 m,总泄流规模为 5 329 m^3/s,相当于巴家嘴水库近 20 年一遇洪峰流量。水库"蓄清排浑运用,主汛期洪水期空库迎洪、平水期低壅水蓄水 50 万 m^3"。运用 35 年达到淤积相对平衡形成高滩深槽平衡形态后,坝前滩面高程 1 119.24 m,河底高程 1 109.7 m,在校核洪水位 1 125.94 m 下保持库容 1.368 亿 m^3,需加高大坝约 1.9 m。

二、水库淤积相对平衡后平滩水位泄流规模

多沙河流水库淤积相对平衡后形成高滩深槽平衡形态,为保持库区滩库容的稳定性,在不考虑槽库容调蓄洪水的作用下,其平滩水位的泄流规模要相当于频率$P=10\%\sim5\%$的洪峰流量,在考虑槽库容调蓄洪水的作用下,其平滩水位的泄流规模相当于频率$P=5\%\sim3.33\%$的洪峰流量。

巴家嘴水库淤积相对平衡后,方案7坝前滩面高程为1 118.18 m,水库平滩水位的泄流规模约为4 363 m³/s,相当于15年一遇洪峰流量。用方案7水库运用35年后的库容曲线进行调洪计算,考虑槽库容调蓄洪水作用,坝前滩面高程1 118.18 m高于50年一遇洪水的最高水位,即50年一遇洪水不上滩。由此可见,方案7淤积平衡后平滩水位泄流规模满足两种条件下的设计要求。

方案8,巴家嘴水库淤积相对平衡后,坝前滩面高程为1 119.24 m,水库平滩水位的泄流规模约为3 113 m³/s,略小于10年一遇洪峰流量。用方案8水库运用35年后的库容曲线进行调洪计算,考虑槽库容调蓄洪水的作用,坝前滩面高程1 119.24 m高于40年一遇洪水位(1 119.02 m),可以满足40年一遇洪水不上滩。增建溢洪道方案8淤积平衡后平滩水位的泄流规模可以满足两种条件下的设计要求。

三、水库主汛期限制水位泄流规模

方案7,拟定主汛期汛限水位1 109 m,这是巴家嘴水库库区新河道淤积平衡河床纵剖面的侵蚀基准面水位。按照泥沙设计要求,主汛期限制水位的泄流规模相当于频率$P=33\%\sim20\%$的洪峰流量,或相当于多年平均洪峰流量。巴家嘴水库频率$P=33\%$的洪峰流量为1 090 m³/s,$P=20\%$的洪峰流量为1 920 m³/s,多年洪峰流量均值为1 186 m³/s。增建溢洪道方案7在主汛期限制水位1 109 m的泄流规模为1 108 m³/s,相当于频率$P=33\%$的洪峰流量,略小于多年平均洪峰流量,满足设计要求;增建溢洪道方案8在主汛期限制水位1 111 m的泄流规模为1 069 m³/s,略小于频率$P=33\%$的洪峰流量及多年平均洪峰流量,基本满足设计要求。

四、水库死水位泄流规模

巴家嘴水库拟定死水位1 095 m,这是巴家嘴水库库区新河道冲刷平衡河床纵剖面的侵蚀基准面水位。按照泥沙设计要求,水库死水位的泄流规模相当于水库新河道的造床流量或为造床流量的1.05倍。巴家嘴水库7~8月平均流量11.38 m³/s(按照1950~1996年实测系列统计)。按造床流量公式$Q_{造}=56.3\bar{Q}_{主汛}^{0.61}$计算,求得造床流量为248 m³/s,按造床流量公式$Q_{造}=7.7\bar{Q}_{主汛}^{0.85}+90\bar{Q}_{主汛}^{0.33}$计算,求得造床流量为263 m³/s,取二者平均值256 m³/s作为巴家嘴水库造床流量。巴家嘴水库工程增建溢洪道方案7、方案8的泄流曲线,在水库死水位1 095 m的泄流规模为253 m³/s,基本满足泥沙设计要求。

五、综述

综上所述可见,巴家嘴水库除险加固设计增建溢洪道方案7、方案8的总泄流规模和各设计水位泄流规模控制的泄流曲线形态符合泥沙设计要求,水库泄流曲线基本控制了水库泥沙淤积,并满足保持库容的条件。方案7优于方案8。

第四节　水库运用方式

巴家嘴水库的任务为防洪保坝、供水为主,兼顾灌溉。根据水库控制泥沙淤积,保持长期有效库容、发挥综合运用效益的要求,拟定水库运用方式如下。

(1)主汛期平水期:在主汛期的 6 月 20～30 日、7 月 16 日～9 月 15 日的平水期控制低壅水调蓄水量 50 万 m^3 进行城市供水,水库蓄水运用水位控制不超过汛限水位。

(2)主汛期基流冲刷期:主汛期的 7 月 1～15 日设为基流冲刷期,限制水位不超过 1 100 m,若 1 100 m 以下库容小于 50 万 m^3,库水位按 1 100 m 控制。

(3)主汛期洪水期当预报入库洪水大于 50 m^3/s 时,提前泄空水库前期蓄水量,空库迎洪,按死水位 1 095 m 开闸泄流,进行敞泄滞洪排沙运用。在入库流量小于 50 m^3/s 时,水库恢复低壅水调蓄水量 50 万 m^3 进行城市供水,水库蓄水运用水位控制不超过汛限水位。

(4)水库在非汛期 9 月 16 日～次年 6 月 19 日进行蓄水运用,调节径流进行城市供水和灌溉,水库蓄水位不超过 1 115 m。遇小洪水(流量小于 50 m^3/s)入库,控制蓄水位低于 1 115 m 拦洪运用。当预报入库洪水大于 50 m^3/s 时,按敞泄排沙运用。

按上述水库运用方式,经长系列年的泥沙冲淤计算,方案 7 在水库运用 35 年后总淤积量为 6 439 万 m^3,施工期淤积 2 514 万 m^3,百年一遇洪水淤积 1 055 万 m^3。此后,水库保持高滩深槽平衡形态,保持 1 123.84 m 高程下库容 1.089 亿 m^3,校核洪水位 1 124.07 m 下总库容 1.125 亿 m^3,进入水库冲淤平衡的相对稳定状态。方案 8 在水库运用 35 年后总淤积量为 7 357 万 m^3,其中 4 年施工期淤积 2 514 万 m^3,百年一遇洪水淤积 828 万 m^3。此后,水库保持高滩深槽平衡形态,保持库容(校核洪水位 1 125.94 m)1.368 亿 m^3,进入水库冲淤平衡的相对稳定状态。预测计算表明,上述拟定的水库运用方式是可行的。

第十三章　除险加固水库平衡分析

第一节　巴家嘴水库淤积平衡条件分析

巴家嘴水库建成运用以来,水库一直在淤积发展,只是水库蓄水拦沙运用时期淤积量大,蓄清排浑运用时期随来沙量大小的变化水库淤积量增大减小。巴家嘴水库持续不断淤积抬高的主要原因是水库泄流规模不足,泄流排沙能力小,蓄洪和滞洪运用时蓄洪水位和滞洪水位高,使库区滩地不断淤积抬高,库区河床也不断淤积抬高,从而库区断面持续平行淤高。由于坝前淤积面不断抬升,水库淤积末端不断向上游延伸,水库运用 40 多年不能达到淤积平衡状态,淤积严重发展,防洪库容得不到保障,防洪能力严重降低,尤其是遇上大水大沙年,水库淤积非常严重,水库库容的变化和零库容高程升高的变化,充分说明了这个问题。

从理论上讲,巴家嘴水库建在天然坡降大的山区峡谷河段上,具有淤积平衡趋向性的自然条件,即使泄流规模小,当水库淤积很高,形成很高的滩地时,能够形成高滩深槽,使一般洪水水流在高滩深槽的槽库容内流动,进行泄流排沙。但其终极淤积面高,坝体加高高度大。例如维持现状泄流规模方案 1,主汛期蓄水 50 万 m^3,水库运用 35 年,坝前滩面高程抬高至 1 127 m 以上,2 000 年一遇校核洪水位为 1 134.23 m,比现状水库允许最高蓄水位高 10.4 m。约需加高大坝 10.4 m,从经济合理和技术安全两方面考虑,均不可行。因此,不作为巴家嘴水库除险加固设计推荐方案。

除险加固方案 7(主汛期蓄水 50 万 m^3),其最突出的优点是在不加高坝体的条件下,滩面高程 1 118.18 m 时,满足淤积相对平衡条件,相应槽库容(坝前滩面高程下的平库容)4 213 万 m^3,在高程 1 123.84 m 下库容为 1.089 亿 m^3,满足 1 123.84 m 以下库容大于 1 亿 m^3 的要求。在此条件下主汛期限制水位 1 109 m,坝前河底高程 1 107.7 m(坝区漏斗进口断面),保持高滩深槽平衡形态的库容,可以满足 50 年一遇洪水(最高洪水位为 1 117.57 m)不上滩淤积,百年一遇设计洪水位为 1 119.04 m,坝前洪水位高出坝前滩面 0.86 m,洪水上滩淤积很少(此前水库运用第 35 年时已考虑发生一次百年一遇洪水淤积以淤高滩地),2 000 年一遇校核洪水位为 1 124.07 m,大坝防洪安全。所以,水库运用 35 年达到淤积相对平衡条件。

除险加固方案 8(主汛期蓄水 50 万 m^3),在滩面高程达到 1 119.24 m 时,满足淤积相对平衡条件,槽库容为 3 310 万 m^3,在校核洪水位下总库容为 1.368 亿 m^3,在此条件下主汛期限制水位 1 111 m,坝前河底高程 1 109.7 m,保持高滩深槽平衡形态的库容,可以满足 40 年一遇洪水不上滩淤积,2 000 年一遇校核洪水位为 1 125.94 m,约需加高大坝 1.9 m。水库运用 35 年基本可以达到淤积相对平衡条件。

在高含沙水流作用下,巴家嘴水库在槽库容内调水调沙运用的排沙特性有两种情况,一种是主汛期洪水期空库迎洪敞泄滞洪排沙,另一种是主汛期平水期控制在主汛期限制水位以下低壅水蓄水 50 万 m^3。控制低壅水蓄水在主汛期限制水位以下约 200 万 m^3 的坝区大冲刷漏斗库容内,以低壅水高含沙异重流排沙为主,有一定的泥沙淤积,淤积部位控制在坝区大冲刷漏斗库容内,当预报入库流量大于 50 m^3/s 时,提前泄空前期蓄水量,形成降水冲刷和溯源冲刷,在死水位 1 095 m 的冲刷基准面作用下,可以冲刷前期蓄水淤积物,恢复坝前大冲刷漏斗库容,在洪水后恢复平水期低壅水在坝区大冲刷漏斗库容内调蓄水量 50 万 m^3 解决城市供水问题,利用高含沙水流特性在水库主汛期槽库容内调水调沙和滞洪排沙运用是可以保持冲淤相对平衡的。

巴家嘴水库的运用实例也说明了这个问题。例如,在泄流规模小的条件下,水库汛期敞泄,滞洪排沙运用时期,遇小洪水,水库淤积量很少,甚至发生降水冲刷,形成库区小河槽或保持小河槽,并冲刷下切扩大小河槽。所以,水库扩大泄流规模的主要任务是减小滞洪上滩淤积的几率,减小滞洪蓄洪程度,减缓滩地淤积,降低库区滩地淤积的高程,扩大槽库容,减少洪水漫滩淤积,使高含沙洪水主要在槽库容内进行敞泄明流排沙和敞泄异重流排沙,从而控制水库淤积。只要使水库滩面下有较大的槽库容,扩大泄流规模,控制 40 年一遇洪水只在槽库容内敞泄排沙和滞洪排沙运用,进行明流排沙和异重流排沙,就可以保持高滩深槽平衡库容形态。

下面是巴家嘴水库泄流规模小时的水库冲淤特性:

(1)1977 年。该年入库洪峰较大,7 月 5 日姚新庄站出现年最大流量 2 200 m^3/s,太白良站出现年最大流量 423 m^3/s,区间来水总量约为 1 890 万 m^3,泄水闸门全年敞开,汛期为自然滞洪的泄洪状态,非汛期基流未出小河槽。该年汛前 5 月 25 日第一测次与上年汛后第二测次相比,水库冲刷了 73.3 万 m^3,汛后 8 月 25 日第二测次与 5 月 25 日第一测次在 1 106 m 高程以下相比淤积了 578.0 万 m^3,高程 1 104 m 以下淤积 571 万 m^3,高程 1 100～1 104 m 区间淤积 466.9 万 m^3,在高程 1 100 m 以下淤积 104.1 万 m^3。由于汛期洪峰较大,在高程 1 106～1 110 m(当时水库末端)还发生局部冲刷 12 万 m^3,以上无变化,库区小河槽比较稳定,主要是库区滩地淤积抬高。

(2)1979 年。该年水量偏枯,姚新庄站最大流量 631 m^3/s,太白良站最大流量 190 m^3/s,两站洪水次数不多,区间基本无洪水加入。上年汛后水库蓄水,至 3 月 1 日蓄水位达 1 100.3 m,以后开闸逐渐泄水,4 月 2 日 20 时以后,库水位下降至 1 096.32 m 以下。4～7 月水库处于低水位运用时期,在平水期,水位限制在平滩水位以下;洪水期,开闸泄水,泄空几小时至 1～2 d 之后重又关闸蓄水。7 月以后水库关闸蓄水,除电站发电用水约 2 m^3/s 外,水位缓慢升高,最高蓄水位 1 102.01 m。

该年洪水小,加之河槽仍然比较大,除水库淤积末端及坝上地带因闸门来不及泄水而产生轻微漫滩之外,库区绝大部分没有漫滩,在汛期,洪水过后即关闸,所以河槽内淤积的泥沙来不及冲刷,故在汛期河槽有明显的回淤,在蒲 16 断面以下(距坝 10.48 km)一般淤厚 3～4 m,坝上一带淤高达 8 m 左右。该年汛后,蒲 27 断面以下(距坝 16.62 km)河槽受水库蓄水位升高影响,产生淤积。

该年入库沙量约 1 820 万 t,其中姚新庄站和太白良站入库沙量约 1 370 万 t,区间未控制面积为 924 km^2,按入库站侵蚀模数估算来沙量约 450 万 t,巴家嘴出库沙量约 1 310

万 t,按输沙率法计算库区淤积 510 万 t。用断面法实测淤积约 281 万 m³(1978 年 10 月 ~ 1979 年 10 月),按淤积物干容重 1.3 t/m³ 计算,泥沙淤积量约 365.3 万 t,与输沙率法淤积 510 万 t 相比,相差 144.7 万 t,差值为进库站沙量的 9%,以按断面法计算淤积量比较合理。

(3)1980 年。因 1979 年汛期开始蓄水,汛后库区小河槽已基本淤平。1980 年 5 月 1 日的小洪水又未开闸泄洪,故 5 月下旬进行库区淤积测验时,蒲河断面(距坝 8.47 km)以下(汇合段)小河槽接近淤平,1979 年 10 月 13 日 ~ 1980 年 5 月 23 日淤积量为 130 万 m³。6 月 4 日开闸泄水后,整个汛期为滞洪泄流排沙状态,库区发生降水溯源冲刷和沿程冲刷,库区小河槽又基本上恢复到原来状态,相应槽库容(库区斜体河槽)为 607.5 万 m³。该年为枯水年,洪峰次数少,且洪峰流量不大,故洪水多未漫滩。1980 年 5 月 23 日 ~ 10 月 3 日断面法冲刷量为 118 万 t。

(4)1983 年。该年属中水年,姚新庄站 9 月 7 日出现最大流量 618 m³/s,太白良站 9 月 7 日出现年最大流量 167 m³/s。1 月 1 日 ~ 7 月 25 日闸门部分关闭蓄水,7 月 22 日之前,已涨过几次小洪水,使库区小河槽淤积 98.5 万 m³,淤积部位在高程 1 104 m 以下,库区斜体小河槽库容为 390.1 万 m³,在高程 1 104 ~ 1 110 m 间无淤积,在高程 1 110 m 以上还有冲刷 9 万 m³。为水库防洪需要,7 月 26 日将闸门全部打开,泄空水库。8 月 26 日又关闸蓄水,至 10 月 31 日年最高蓄水位为 1 103.6 m。7 月 25 日 ~ 10 月实测断面法淤积量为 270 万 m³,均淤积在高程 1 114 m 以下,其中 1 100 m 高程以上淤积量为 215.8 万 m³,在 1 100 m 高程以下淤积 41.2 万 m³。

综上实例表明,巴家嘴水库除险加固增建溢洪道方案 7(主汛期蓄水 50 万 m³ 方案)的泄流规模和新拟定的水库运用方式,符合水库减淤保持库容的高含沙水流运动规律,在不加高坝体条件下,水库运用 35 年后可以达到淤积平衡阶段,在高程 1 123.84 m 以下保持库容 1.089 亿 m³ 长期综合运用,校核洪水位为 1 124.07 m,相应库容为 1.125 亿 m³;方案 8(主汛期蓄水 50 万 m³ 方案)的泄流规模和新拟定的水库运用方式,基本符合水库减淤保持库容的高含沙水流运动规律,需加高坝体 1.9 m,水库运用 35 年后可以达到淤积平衡,在校核洪水位 1 125.94 m 以下保持库容 1.368 亿 m³ 长期综合运用。

第二节　各方案水库淤积平衡条件对比

一、水库泄流规模和泄流曲线条件比较分析

水库泄流规模和泄流曲线是控制水库淤积相对平衡保持库容相对稳定的重要条件,根据这一目的要求,即水库运用 35 年后水库淤积达到相对平衡,保持长期有效库容,在拟定的泄流规模条件下,满足 2 000 年一遇校核洪水位防洪保坝安全。从泄水建筑物布置条件出发,拟定了 8 个泄水建筑物布置方案。在 8 个方案中,以现状方案 1 的泄流规模最小,增建溢洪道方案 7 的泄流规模最大,方案 8 次之。

二、水库设计水位控制条件比较分析

各方案的水库设计水位条件,除了水库死水位 1 095 m 相同外,平滩水位、主汛期汛

限水位、水库非汛期正常蓄水位和水库最高蓄水位（2000 年一遇校核洪水位）、水库各频率洪水的洪水位均不相同。由前述可见，以不加高坝体增建三孔溢洪道的方案 7 和稍加坝高、增建两孔溢洪道的方案 8 为优，其特点为低水位大泄量，从而控制了低滩面和低洪水位。

三、水库淤积控制条件比较分析

当水库运用 34 年之后，第 35 年增加一次百年一遇洪水的淤积量，使库区形成高滩深槽的相对平衡状态，扩大槽库容，之后水库的运用就进入冲淤相对平衡阶段，基本上在槽库容内"蓄清排浑，调水调沙"运用，泥沙冲淤相对平衡。需要指出的是，水库经过了 34年运用，淤积趋近冲淤平衡时，水库排沙比接近 90% ~95%，加一次百年一遇洪水淤积，抬高滩面，使库区滩面高程接近极限滩面，满足 50 年一遇洪水不上滩淤积，水库达到冲淤相对平衡阶段，冲淤变化仅发生在槽库容内（并不是年年排沙比达到 100% 才叫做平衡，平衡是指槽库容内有淤有冲，长期冲淤相对平衡）。

水库主汛期的平水期控制低壅水，调蓄水量分别进行了蓄水量为 0 万 m^3、50 万 m^3、100 万 m^3、195 万 m^3 四个运用方案的泥沙淤积预测比较。结果表明，考虑主汛期城市供水的需要，在满足供水要求下，各方案均以控制蓄水量 50 万 m^3 为合适，方案 7 控制主汛期低壅水调蓄水量 50 万 m^3，可以满足不加高坝体的要求；方案 8 需加高坝体 1.9 m。

综上所述，从控制水库淤积的角度出发，以不加高坝体的方案 7 为优，方案 8 次之。

第十四章 除险加固工程泥沙设计评价

巴家嘴水库除险加固工程设计,对水库的泥沙问题进行了比较深入的分析研究。从水库任务变化、水库水沙特性、水库淤积特性、水库泥沙冲淤规律、保持库容条件、防洪保坝方案、水库运用方式研究、水库淤积预测、水库平衡分析等方面进行了比较深入、全面的研究工作。这些工作为巴家嘴水库除险加固工程设计提供了支持。巴家嘴水库高含沙水流特性对水库防洪保坝安全问题和水库综合运用效益问题的解决,既存在有利的一面,也存在不利的一面。在现状淤积条件下,要创造一种水库模式,经除险加固工程实施后,在水库运用的一定时期内,实现水库淤积相对平衡,保持较大规模(大于 1 亿 m³)的有效库容,长期发挥防洪保坝安全和综合利用效益。为此,对泥沙分析评价如下。

第一节 水沙条件预测评价

通过 1950~1996 年实测水沙资料分析知,在较长系列中,包括丰、平、枯水段在内的平均水沙特征值尚未呈现趋势性变化,表明巴家嘴水库来水来沙条件无明显的趋势性变化,自然因素和人类活动变化对来水来沙的趋势性影响不明显。例如,分别按 1950 年 7 月~1996 年 6 月、1960 年 7 月~1996 年 6 月、1970 年 7 月~1996 年 6 月的 46 年、36 年、26 年系列年统计,各系列年的年平均入库径流量、输沙量、水流含沙量值基本相近,依次分别为 1.306 亿 m³、0.285 亿 t、218 kg/m³,1.252 亿 m³、0.267 亿 t、213 kg/m³,1.240 亿 m³、0.263 亿 t、212 kg/m³。所以,可以近似预估,未来 35 年内的来水来沙条件应当会有一定程度的变化,但变化过程缓慢,因为本地区的自然环境和人类活动影响在现状条件基础上,需经过一个缓慢的过程才能呈现出一定的趋势性。采用 1950~1996 年实测系列年来水来沙过程作为水沙预测的结果,较为实际,也较为稳妥。可能来水量有所偏大,来沙量有所偏多,对于预测水库泥沙冲淤变化的总体结果,较为安全可靠。

第二节 水库泥沙冲淤计算方法评价

对巴家嘴水库高含沙水流特性及冲淤特性进行历史性和规律性分析,总结出一些自然规律和实践经验,用来服务于巴家嘴水库除险加固工程泥沙设计,从整体上把握水库未来发展方向是十分必要的。但是,需要认识到泥沙研究目前仍处于发展阶段,从实际资料总结出来的水库泥沙冲淤计算方法和水库冲淤形态计算方法,具有实用性和可靠性,并且容易掌握、易于使用。对于物理图形清楚、概念正确、由多座水库实测资料建立的经验模型具有普遍意义,其定性准确、定量可靠,在工程设计应用中具有较强的包容性和实用性。

巴家嘴水库泥沙冲淤计算方法和冲淤形态计算方法,是通过总结巴家嘴、三门峡、汾河、官厅等多沙河流高含沙水流水库的冲淤特点和规律研制的经验法数学模型计算方法,有理论基础指导和实际资料的总结,在模拟水库泥沙冲淤过程和冲淤形态过程方面会具有成效。巴家嘴水库保持库容条件、水库淤积预测和水库平衡分析等重要方面的分析、计算和确定,都充分结合了巴家嘴水库的具体情况,吸取了《水利动能设计手册》泥沙分册中的研究成果,进行了合理应用。例如,水库壅水排沙计算方法和水库敞泄排沙计算方法的理论基础都是依据水沙两相紊动水流挟沙力公式(高低含沙量水流、浑水明流和浑水异重流通用)$S_* = k(\frac{\gamma'}{\gamma_s - \gamma'} \cdot \frac{v^3}{gRw_c})^m$,结合计算的边界条件演变而来的,具有实用性。

由于高含沙水流存在宾汉极限切应力,窦国仁提出了高含沙水流挟沙力公式:

$$S_* = \frac{k}{c_0^2}(1 - \frac{\tau_B}{\tau_0})\frac{\gamma_s \gamma}{\gamma_s - \gamma} \cdot \frac{v^3}{gh\omega}$$

式中:$c_0 = \frac{c}{\sqrt{g}}$,$k = 0.023(1 + \alpha \frac{\gamma_s - \gamma}{\gamma} \cdot \frac{S}{\gamma_s})^{5/8}$,$\alpha = 250$。该公式在我们通过改建水库实测资料总结得到的壅水排沙计算关系式和敞泄排沙计算关系中得到定性及定量的反映,为了计算使用方便起见,进行了计算形式的变换。

水库淤积形态和坝区冲刷漏斗形态的计算方法的理论基础,是由水流连续公式、水流阻力公式、水流挟沙力公式、泥沙沉速公式联解,并统计分析包括巴家嘴水库的多沙河流和少沙河流水库的实际资料得到的河床纵比降公式$i = k\frac{Q_s^{0.5}d_{50}n^2}{B^{0.5}h^{1.33}}$和河槽水力几何形态公式。将坝区大冲刷漏斗形态与水库淤积形态结合起来,成为统一的整体形态,相互联系,并在水库运用中控制和保持坝区冲刷漏斗形态及库区淤积形态,为保持水库库容奠定了基础。综上可见,水库泥沙冲淤计算方法是合理的,计算成果可供巴家嘴水库除险加固设计应用。

第三节　水库敞泄排沙和冲刷计算方法评价

水库主汛期平水期蓄水 50 万 m³ 供水运用,控制蓄水位 1 109 m(方案 7)或 1 111 m(方案 8),在坝区 2～3 km 范围内发生淤积,淤积面升高,淤积比降变小,可能小到 1.8‰以下,当预报入库流量大于 50 m³/s 时,提前泄空前期蓄水量并降水冲刷前期淤积物,进行空库迎洪和敞泄冲刷排沙运用。此时坝前水位降低很快,发生溯源冲刷,溯源冲刷比降初始较大,可能大到 15‰以上,随着溯源冲刷向上游发展,河床淤积面降低,冲刷距离向上游延伸,从而溯源冲刷比降变小,可能小到接近冲刷平衡比降 4.7‰。在溯源冲刷段上游则发生沿程冲刷,沿程冲刷比降在 2.6‰～4.7‰间变化,随着溯源冲刷和沿程冲刷的继续进行,将使全库区变为统一的河床纵剖面,最后达到冲淤平衡比降 2.6‰。

为了简化计算,在水库降低水位冲刷时,将溯源冲刷和沿程冲刷的过程概化为平均比降 4.0‰～5.0‰进行水库敞泄排沙计算,流量大时水位较高、比降较小,流量小时水位较低、比降较大,直至达到冲刷平衡比降 2.6‰。这种概化比降计算,可能使库区冲刷强度有所减小、降水冲刷量和敞泄排沙冲刷量有所减少。考虑到水库泄流规模大幅度增加后,溯源冲刷和沿程冲刷过程将加快,从而较快地形成统一的冲刷比降,并以全库区沿程冲刷为主。综上分析,可以认为,计算水库敞泄排沙过程时,用概化比降 4.0‰ ~ 5.0‰进行敞泄排沙计算冲刷总量可能有所偏小,是偏于安全的。这对于预测水库淤积是留有余地的,对于选择除险加固方案较为安全。

第四节　水库淤积预测评价

巴家嘴水库淤积预测计算的可靠性立足于以下基础:

(1)有足够的控制水库滩地淤积高程的泄流规模,满足水库运用 35 年后形成的高滩深槽库容形态要求。按汛限水位起调,方案 7 能够满足 50 年一遇洪水不上滩,方案 8 能够满足 40 年一遇洪水不上滩;按死水位起调,方案 7、方案 8 均能够满足 50 年一遇洪水不上滩。可以在较大的槽库容内进行水库调水调沙的泥沙冲淤变化,保持冲淤相对平衡。

(2)有合理的水库运用方式,控制水库各级设计水位的运用条件,采取在主汛期洪水期空库迎洪、敞泄滞洪排沙,在主汛期平水期控制限制水位以下低壅水蓄水 50 万 m³ 调蓄供水,非汛期 9 月 16 日 ~ 次年 6 月 19 日控制水库蓄水兴利运用,正常蓄水位 1 115 m。

(3)主汛期采用反映洪水瞬时过程的泥沙冲淤计算时间步长,采用考虑泥沙影响的浑水调洪计算,满足耦合解的计算要求。

以上三条,保证了水库泥沙冲淤计算成果的合理性,成果反映了巴家嘴水库的冲淤特点和形成高滩深槽平衡形态的过程。

图 14-1 所示为设计的 1958 年 7 ~ 9 月巴家嘴水库入出库流量、含沙量过程线;图14-2 所示为 1958 年 7 月 14 日洪水调洪过程线。由此看出水库浑水调洪计算和泥沙冲淤计算相结合的计算过程,具有合理性。

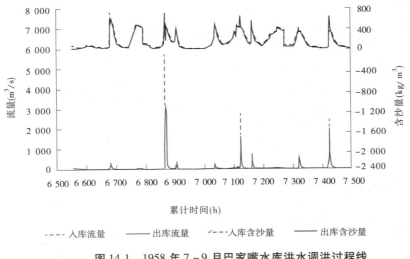

图 14-1　1958 年 7 ~ 9 月巴家嘴水库洪水调洪过程线

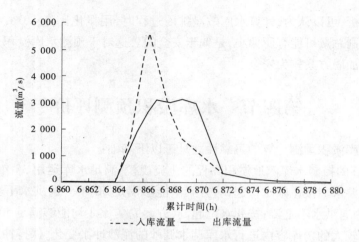

图 14-2　1958 年 7 月 14 日巴家嘴水库洪水调洪过程线

第五节　综合评价

基于对巴家嘴水库泥沙冲淤特点和规律性的认识,采取正确的保持库容条件,应用符合实际的泥沙冲淤计算方法和淤积形态计算方法,进行巴家嘴水库泥沙冲淤计算和泥沙问题分析,其成果是合理的,可以满足巴家嘴水库加固设计的要求。

第六节　除险加固方案评价

从泥沙分析的角度来说,主汛期平水期蓄水 50 万 m^3,增加三孔溢洪道方案(方案 7)不需加高大坝;增加两孔溢洪道方案(方案 8)需加高大坝 1.9 m。方案 7 优于方案 8。

第七节　除险加固建设采用方案

2004 年 11 月水利水电规划设计总院,审查并通过了巴家嘴水库除险加固初步设计,除险加固设计依据、泥沙分析、工程设计、工程地质条件等,综合考虑,采用方案 8。巴家嘴水库除险加固建设已于 2006 年 3 月开工,预计 2008 年底建成。

下篇
多沙、高含沙河流水库泥沙
设计中的几个关键技术问题

第十五章 来水来沙特性与水库泥沙数学模型设计

第一节 来水来沙

巴家嘴水库入库径流量与输沙量为两个入库站(姚新庄、太白良)加上区间入汇的总和。按 1950 年 7 月~1996 年 6 月统计,年平均水量 13 059 万 m^3,年平均沙量 2 848 万 t,年平均含沙量 218 kg/m^3。从各年代统计情况来看,未见趋势性变化,水库来水来沙平均情况相对稳定。

巴家嘴水库位于高含沙的蒲河上,来水来沙具有山区、黄土高原河流双重特性。

从年际变化情况看,来水来沙分布不均,年最大来水量为 27 875 万 m^3(1958 年),最小来水量为 7 769 万 m^3(1965 年);年最大来沙量为 10 395 万 t(1964 年),最小来沙量为 419 万 t(1952 年)。

巴家嘴水库入库水沙年内分配很不均匀,基本上与降水在年内分配一致,即水、沙多集中在 7~8 月,而沙之集中更甚于水。据 1950 年 7 月~1996 年 6 月统计,7~8 月水量 6 098 万 m^3,占全年水量的 46.7%,沙量 2 272 万 t,占全年沙量的 79.8%;7~9 月水量 7 290 万 m^3,占全年水量的 55.8%,沙量 2 456 万 t,占全年沙量的 86.2%;10 月~次年 6 月水量 5 770 万 m^3,沙量 393 万 t。

巴家嘴水库位于高含沙的蒲河上,1950~1996 年平均含沙量为 218 kg/m^3,汛期平均含沙量为 337 kg/m^3。姚新庄站实测日平均最高含沙量为 855 kg/m^3(1955 年),瞬时最大含沙量为 1 070 kg/m^3。

由于巴家嘴水库位于干旱少雨的黄土高原,长期的干旱使表层黄土严重风化,表层黄土非常疏松,无论暴雨大小,是否形成入库洪水,在春、夏、秋三季,皆能形成高含沙入库水流。巴家嘴水库入库基流为上游两岸岸壁渗出的泉水,仅一个流量左右,当有降雨时,即形成沙峰,由于该地区降雨皆为暴雨,因此呈现出含沙量猛涨猛落、来沙集中的特性。由于巴家嘴水库流域内小暴雨也能形成高含沙水流入库,因此在实测水沙过程中,常常会看到几个流量挟带几百千克含沙量的现象。

巴家嘴水库流域地形和暴雨特性,使入库洪水过程呈猛涨猛落的尖瘦型(见图 15-1),洪峰历时一般不超过 20 h,短则 2~3 h。全年入库沙量中,几次暴雨洪水造成的沙量占很大比例(见表 15-1)。按流量大于 50 m^3/s 为洪水期计,以 1956~1996 年资料统计,洪水期累计来水量 18.55 亿 m^3,占总来水量的 35.2%,来沙量 9.66 亿 t,占总来沙量的 79.3%;非洪水期累计来水量 35.64 亿 m^3,占总来水量的 65.8%,来沙量 2.67 亿 t,占总来沙量的 21.7%。

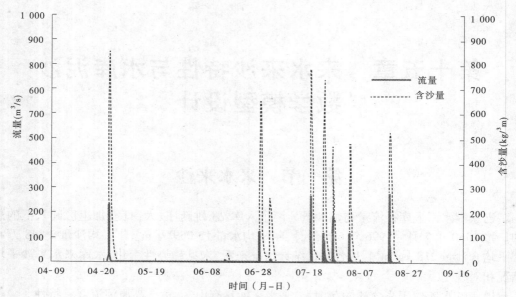

图 15-1　巴家嘴水库 1980 年入库洪水过程线

表 15-1　巴家嘴水库各流量级入库水沙统计分析（1956 ～ 1996 年）

流量级 (m³/s)	水量 (亿 m³)	沙量 (亿 t)	含沙量 (kg/ m³)	累计		累计百分数（%）	
				水量 (亿 m³)	沙量 (亿 t)	水量	沙量
0 ～ 50	35.6	2.7	75	35.64	2.67	65.8	21.7
50 ～ 100	2.8	1.3	456	38.49	3.97	71.0	32.2
100 ～ 200	3.4	1.7	503	41.88	5.67	77.3	46.0
200 ～ 300	2.0	1.1	531	43.86	6.73	80.9	54.6
300 ～ 400	1.6	0.8	526	45.46	7.57	83.9	61.4
400 ～ 500	1.2	0.6	515	46.65	8.18	86.1	66.4
500 ～ 600	1.0	0.5	539	47.64	8.72	87.9	70.7
600 ～ 700	0.9	0.5	530	48.56	9.20	89.6	74.7
700 ～ 800	0.7	0.4	547	49.27	9.59	90.9	77.8
800 ～ 900	0.6	0.3	549	49.88	9.92	92.0	80.5
900 ～ 1 000	0.6	0.3	546	50.47	10.25	93.1	83.1
1 000 ～ 1 100	0.4	0.2	586	50.83	10.46	93.8	84.8
1 100 ～ 1 200	0.4	0.2	517	51.25	10.68	94.6	86.6
1 200 ～ 1 300	0.4	0.3	590	51.68	10.93	95.4	88.6
1 300 ～ 1 400	0.2	0.1	532	51.93	11.06	95.8	89.7
1 400 ～ 1 500	0.3	0.2	562	52.24	11.24	96.4	91.1
1 500 ～ 1 600	0.2	0.1	553	52.42	11.34	96.7	92.0
1 600 ～ 1 700	0.1	0.1	409	52.55	11.39	97.0	92.4
1 700 ～ 1 800	0.1	0.1	557	52.66	11.45	97.2	92.9
1 800 ～ 1 900	0.1	0.1	611	52.80	11.54	97.4	93.6
1 900 ～ 2 000	0.2	0.1	515	53.02	11.65	97.8	94.5
> 2 000	1.2	0.7	582	54.19	12.33	100.0	100.0

注：按洪水过程统计。

由于巴家嘴水库年来沙量大,虽然非汛期9月～次年6月来沙仅占年来沙的20.2%,但其量较大,多年平均9月～次年6月来沙量为576万t,其中6月为234.9万t、5月95.5万t、9月为183.3万t。

1952～2000年的48年(缺1961年)时间里,年最大洪峰流量小于400 m³/s的有12年,400～600 m³/s之间的仅有5年,600～1 000 m³/s的有10年,而大于1 000 m³/s的发生了21年,多年平均洪峰流量为1 160 m³/s,汛期平均流量仅为8.82 m³/s。可以看出,大洪水出现几率大,基流时间长,400～600 m³/s中型洪水很少出现。

入库悬移质泥沙颗粒较细,以姚新庄站代表,按1977～1991年统计,各年中数粒径变化于0.016～0.026 mm间,多年平均中粒径约0.022 mm。

第二节　水库冲淤计算数学模型时间步长的确定

一、按实测洪水过程计算

根据1956～1996年41年实测资料,按实测洪水统计,巴家嘴入库洪峰流量大于100 m³/s、200 m³/s、300 m³/s、400 m³/s、500 m³/s、1 000 m³/s、1 500 m³/s、2 000 m³/s的次数分别为352、227、153、117、99、41、18、12次。按日平均统计,入库流量大于100 m³/s、200 m³/s、300 m³/s、400 m³/s、500 m³/s的天数分别为42、11、4、2、2天,出现洪峰次数大为减少,而大于1 000 m³/s流量的洪水则坦化掉(见表15-2)。

表15-2　巴家嘴入库洪水出现次数、历时统计(1956～1996年)

流量级 (m³/s)	按日平均统计	按场次洪水统计			
	次数 (或天数)	次数	日期 (月-日)	洪水历时(h)	
				范围	平均
>100	42	352	04-24～10-2	0.52～19.8	3.73
>200	11	227	05-01～10-2	0.48～16.5	2.87
>300	4	153	05-01～10-2	0.42～15.7	2.77
>400	2	117	05-02～10-2	0.32～12.4	2.51
>500	2	99	05-02～09-16	0.30～11.3	2.20
>1 000	0	41	05-12～09-07	0.21～7.25	1.57
>1 500	0	18	06-26～08-29	0.19～4.33	1.39
>2 000	0	12	06-26～08-12	0.12～3.51	1.06

由于实测洪水持续时间较短,如100 m³/s以上洪水持续历时最长为19.8 h,最短仅0.52 h,平均为3.73 h。若按日平均过程进行泥沙冲淤计算,则本应上滩的洪水可能不会上滩,计算误差就比较大,甚至出现失真现象,见图15-2。

图15-2为1971年8月姚新庄站实测洪水过程与设计洪水过程对照,由图明显看出,按日平均设计的洪水过程出现失真现象,姚新庄站1971年8月实测最大洪峰流量为860 m³/s,如按日平均设计最大洪峰流量仅为92 m³/s。按实测洪水过程设计的最大洪峰流量

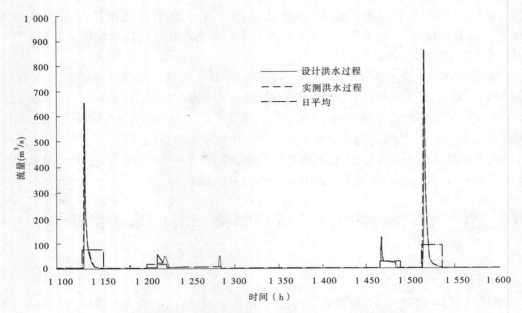

图15-2　1971年(8月)姚新庄实测、设计洪水过程对照

与实测值相同,且峰型不变。

二、不同时间步长计算结果比较

为了说明时间步长不同对计算结果的影响,在巴家嘴水库现状泄流规模条件下,进行了时间步长分别按实测过程和1 d,水库运用30年的淤积分析。如果时间步长取为1 d,由于日平均后大流量出现几率极小,需要的槽库容也小,很少有上滩洪水,在现状泄流规模条件下,水库基本可以达到淤积平衡状态,30年平均水库淤积量114万 m³,从而得出现状泄流规模已经满足排沙要求的结论。按实测洪水过程计算,由于实测洪水过程中大流量频频出现,需要有较大的槽库容调水调沙,同时需要有足够的泄流能力排泄洪水,在现状泄流规模条件下,洪水上滩几率大大增加,水库运用30年,年平均淤积量407万 m³,从而得出现状泄流规模远远不能满足排沙要求的结论。由此可以看出,由于来水来沙特性的不同,时间步长的选择至关重要,不同的选择有可能得出截然相反的结论。

第三节　结　语

洪水暴涨暴落,峰高、量小、历时短,洪水含沙量高,小洪水带大沙是巴家嘴水库入库洪水的显著特点,在进行水库泄流规模确定时应充分考虑。对于具有洪水期较长、矮胖型洪水特性的河流,设计泥沙冲淤计算数学模型计算时,时间步长可以取为1 d;对于具有暴涨暴落、尖瘦型洪水特性,且洪水期含沙量大的河流,时间步长应视具体情况适当取小,对影响较大的可按实测洪水过程设计。

第十六章　多沙河流水库分组沙排沙关系研究

第一节　多沙河流水库分组沙排沙设计计算方法研究的必要性

多沙河流水库分组沙排沙设计计算方法(以下简称水库分组沙计算方法)是水文学模型泥沙冲淤计算的重要组成部分之一。分组沙计算结果与水库运用方式息息相关。分析建立一个正确的分组沙输沙关系,准确计算水库淤积物和出库泥沙级配,对确定水库运用方式和下游河道的冲淤计算有重要意义。

水库分组沙计算方法,过去曾做过大量的研究工作,由于泥沙颗分方法的不同,1980年之前多是采用粒径计法,所以是用粒径计法资料建立的公式。而1980年以后采用的是光电法,因此需用光电法资料重新建立公式。另外,以前的分组沙排沙关系是以月资料建立的,而水文学模型冲淤计算时间步长汛期为日。所以,有必要建立光电法日分组沙输沙关系。

第二节　影响分组泥沙输沙的主要因素

根据工作需要,黄河泥沙按粒径大小分为细、中、粗三组,即细沙为粒径小于 0.025 mm 部分,中沙为粒径小于 0.05 mm 且大于 0.025 mm 部分,粗沙为粒径大于 0.05 mm 部分,细、中、粗之和称为全沙。用 A 表示全沙排沙比(出、入库沙量之比),$A_{细}$、$A_{中}$、$A_{粗}$ 分别表示细、中、粗三组泥沙排沙比。

影响分组泥沙输沙的因素有来沙量及级配、水库运用方式、泄洪排沙建筑物的开启情况、库区输沙流态及水库全沙排沙比等。当水库冲刷时,出库分组泥沙不仅与来沙级配和全沙排沙比有关,而且与河床淤积物级配有关。

第三节　分析资料选取的依据和原则

三门峡水库建成运用至今经历了 1960 年 9 月 ~ 1962 年 3 月的蓄水拦沙期、1962 年 3 月 ~ 1973 年 10 月的敞泄排沙和滞洪排沙运用期,以及 1973 年 11 月以后的蓄清排浑运用期。鉴于三门峡水库各个时期运用方式不同,在分析分组泥沙输沙关系时,按以下原则选用资料:

(1)以三门峡水库实测资料为主,以其他水库实测资料为补充。

(2)以断沙日资料为主,以单沙资料为补充,以高含沙和月资料来分析分组沙输沙关系的适应性。

（3）潼关至三门峡传播时间为 1 d。

（4）在水库蓄水状态下，重点考虑三门峡水库运用初期 1961～1964 年及 1966 年、1967 年、1977 年；水库敞泄排沙时，重点考虑三门峡水库 1965 年、1966 年、1981 年、1983 年和 1970～1973 年及盐锅峡 20 世纪 60～80 年代的资料。

第四节　分组泥沙输沙关系线

依据上述原则，根据实测单、断沙资料，得全沙排沙比与分组沙排沙比关系（称为三条线）见表 16-1 及图 16-1～图 16-3。

表 16-1　分组泥沙排沙比关系

	A	0	0.1	0.2	0.3	0.4	0.5	0.6	0.7	0.8	0.9
$A<1$	$A_{细}$	0	0.19	0.36	0.51	0.63	0.77	0.84	0.916	0.955	0.98
	$A_{中}$	0	0.008	0.035	0.078	0.139	0.229	0.357	0.5	0.66	0.83
	$A_{粗}$	0	0.004	0.023	0.06	0.11	0.179	0.269	0.38	0.519	0.715
	A	1	1.1	1.3	1.5	2	2.5	3	4	6	8
$A>1$	$A_{细}$	1	1.03	1.135	1.26	1.66	2.09	2.59	3.51	5.3	7.06
	$A_{中}$	1	1.14	1.4	1.64	2.24	2.85	3.43	4.56	6.74	8.8
	$A_{粗}$	1	1.25	1.67	2.03	2.81	3.45	4.02	5.1	7.1	9.16

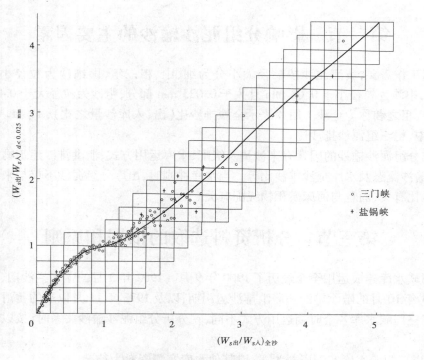

图 16-1　水库细沙与全沙排沙比关系

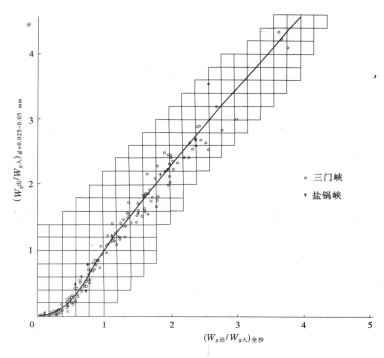

图 16-2　水库中沙与全沙排沙比关系

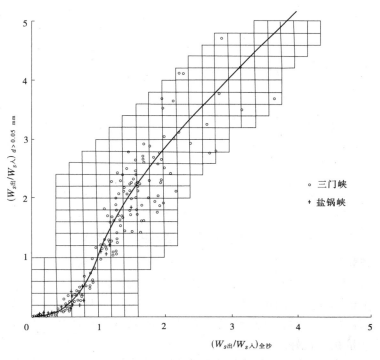

图 16-3　水库粗沙与全沙排沙比关系

分析过程中,$A<1$时考虑以来沙级配为参数,$A>1$时以河床淤积物和来沙级配为参数,虽有趋势但难以定线,预报操作困难,且全沙排沙比与分组沙排沙比点群关系较集中,分布规律较好。所以,分组泥沙输沙关系仅考虑水库全沙排沙比。

三条线在使用中可能存在着不闭合现象,因此需对三条线进行平衡,但其误差仍然存在。所以,在计算时三条线计算的分组泥沙量采用分配法进行了修正,具体修正方法如下式:

$$Q_{scjf分配} = Q_{sc} \cdot Q_{scjf} / (Q_{scj1} + Q_{scj2} + Q_{scj3}) \tag{16-1}$$

式中:Q_{sc}为出库全沙输沙率;$Q_{scjf分配}$为最终出库分组沙输沙率,$f=1$(细沙)、2(中沙)、3(粗沙);Q_{scjf}为按三条线计算的出库分组沙输沙率。

第五节　单沙级配直线插值合理性论证

由于在水库运用方式研究中,往往需要进行系列年计算,汛期计算时间步长一般为日,在实测资料中断沙资料极少,有时一年也只有几次,无法满足计算要求,相比之下单沙资料较丰富,那么单沙资料是否可以在系列年计算中代替断沙呢?为此,对潼关、三门峡单、断沙关系进行了分析,经分析,潼关、三门峡单断沙关系很好,可用单沙级配代替断沙级配(见图 16-4 ~ 图 16-9)。

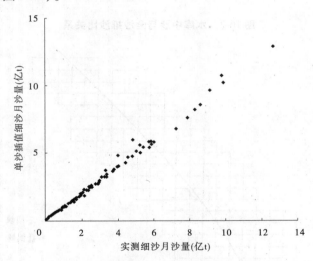

图 16-4　潼关实测与单沙插值细沙月沙量关系

虽然单沙资料较丰富,但单沙资料也不完整,经分析,单沙缺测只发生在小沙期,且一般不连续缺测,最多连续缺测 2 d,为插值提供了良好的条件。

为进一步论证单沙插值的可行性,用单沙插值计算所得月级配与实测月级配分别求出三门峡、潼关各分组沙沙量,并点绘成关系图,见图 16-4 ~ 图 16-9。从图中看,两种方法所得月分组沙沙量相符较好。

由以上分析认为,以单沙插值成果进行系列年计算是有一定依据的,是可行的。

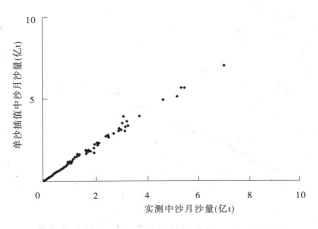

图 16-5　潼关实测与单沙插值中沙月沙量关系

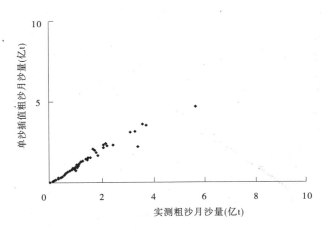

图 16-6　潼关实测与单沙插值粗沙月沙量关系

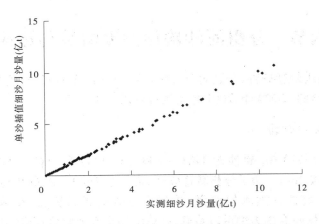

图 16-7　三门峡实测与单沙插值细沙月沙量关系

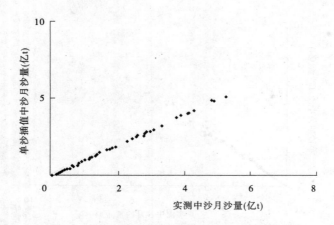

图 16-8　三门峡实测与单沙插值中沙月沙量关系

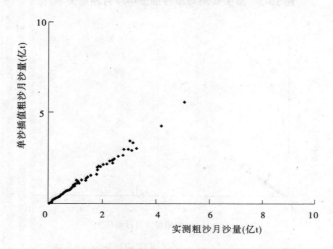

图 16-9　三门峡实测与单沙插值粗沙月沙量关系

第六节　分组泥沙输沙关系验算与适应性

为了验证三条线的适应性,分别对三门峡水库不同运用方式、不同来水来沙条件,及小浪底水库运用初期的 2000 年、2001 年实测资料进行了验算。

一、三门峡水库验证

三条线验算资料范围,断沙为 1961~1987 年,单沙为 1960~1990 年,月资料为 1960~1995 年,见表 16-2。为了分析其适应性,进行了 1960~1990 年潼关站日平均含沙量大于 200 kg/m³ 高含沙洪水的验算,并利用月级配进行验证,结果符合较好,见图 16-10~图 16-15。从验算图表中可以看到,计算值与实测值吻合较好,计算误差在允许范围内。说明分组沙排沙关系适用于高含沙洪水且可用于月计算。

表 16-2　三门峡水库分组沙验算成果

项目		断沙			单沙			月平均		
排沙比		合计	<1	>1	合计	<1	>1	合计	<1	>1
计算出库级配(%)	全沙	100	100	100	—	100	100	100	100	100
	细沙	67.94	83.74	44.68	—	88.73	49.05	56.00	75.9	48.74
	中沙	18.64	10.12	31.17	—	7.16	30.13	25.16	16.12	28.46
	粗沙	13.42	6.14	24.15	—	4.11	20.82	18.84	7.98	22.8
实测出库级配(%)	全沙	100	100	100	—	100	100	100	100	100
	细沙	65.22	81.77	40.87	—	91.20	50.93	55.16	77.06	47.18
	中沙	19.85	10.34	33.83	—	5.68	29.25	24.82	14.67	28.52
	粗沙	14.93	7.89	25.30	—	3.12	19.82	20.02	8.27	24.3
计算排沙比	全沙	0.40	0.26	2.14	—	0.25	1.52	0.94	0.46	1.50
	细沙	0.49	0.38	1.84	—	0.40	1.31	0.95	0.65	1.28
	中沙	0.28	0.10	2.33	—	0.07	1.65	0.88	0.27	1.64
	粗沙	0.29	0.09	2.67	—	0.06	2.03	1.00	0.20	2.02
实测排沙比	全沙	0.40	0.26	2.14	—	0.25	1.52	0.94	0.46	1.50
	细沙	0.47	0.38	1.68	—	0.41	1.36	0.93	0.66	1.24
	中沙	0.30	0.10	2.53	—	0.05	1.61	0.87	0.25	1.64
	粗沙	0.32	0.11	2.80	—	0.04	1.93	1.06	0.21	2.15

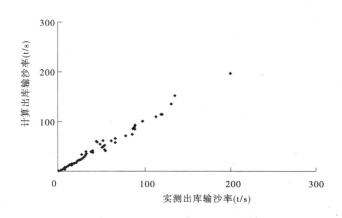

图 16-10　1960～1995 年潼关站月分组沙验算(细沙)

二、小浪底水库资料验证

小浪底水库投入运用时间较短,排沙资料有限,这里仅以 2000～2003 年资料进行了验算。

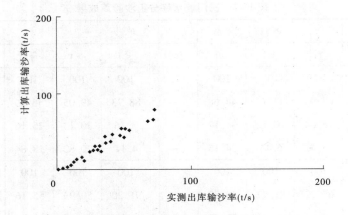

图 16-11　1960~1995 年潼关站月分组沙验算（中沙）

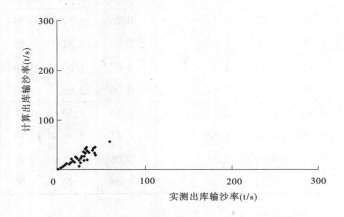

图 16-12　1960~1995 年潼关站月分组沙验算（粗沙）

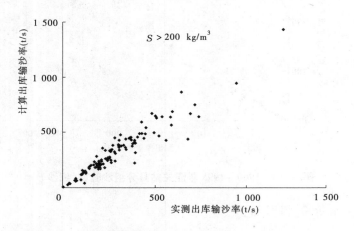

图 16-13　1960~1990 年潼关站高含沙验算（细沙）

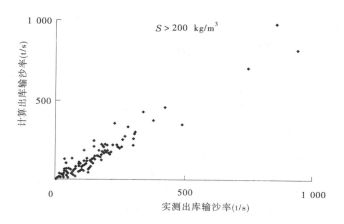

图 16-14　1960～1990 年潼关站高含沙验算(中沙)

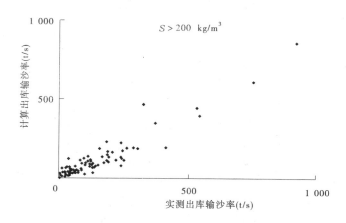

图 16-15　1960～1990 年潼关站高含沙验算(粗沙)

2001 年小浪底水库排沙 0.23 亿 t,其中细沙、中沙、粗沙分别为 0.20 亿 t、0.02 亿 t、0.01 亿 t。与入库相比,全沙排沙比为 7.8%,细沙、中沙、粗沙排沙比分别为 14.7%、2.7%、1.1%。按照三条线计算细沙、中沙、粗沙排沙比分别为 12.4%、5.2%、2.6%。验算结果表明计算值与实测值吻合较好,见表 16-3。

表 16-3　小浪底水库实测分组沙排沙比

时间	实测排沙比(%)				计算排沙比(%)			
	全	细	中	粗	全	细	中	粗
2000 年 7～9 月	1.4	3.3	0.1	0	1.4	3.2	0.1	0.1
2001 年 7～9 月	7.8	14.7	2.7	1.1	7.8	12.4	5.2	2.6
2002 年 7～9 月	20.8	40.3	6	3.3	20.8	41.6	4.3	2.9
2003 年 7～9 月	14.3	28.3	2.8	1.7	14.3	29	2.2	1.8

第七节 分组沙排沙关系与黄河小北干流
放淤试验调度指标论证

黄河小北干流放淤试验工程的目的和任务为:实现多引沙、引粗沙、淤粗沙、排细沙,为小北干流大放淤提供技术支持。根据这一试验目的,淤区的任务是淤粗沙、排细沙,相应退水闸的任务就是通过调节退水闸门,控制减少粗沙排出,同时增加细沙排出。

一、黄河小北干流放淤试验工程概况

黄河小北干流放淤试验工程位于小北干流上游左岸连伯滩,试验工程主要由放淤闸、输沙渠、弯道溢流堰、淤区、退水闸几个部分组成。其中淤区长 8.7 km、宽 0.64 km,通过一横一纵格堤将整个淤区分成宽 0.32 km,长分别为 4.35 km、8.7 km、4.35 km 的三个分区,分别为①、②、③号淤区;退水闸为 4 孔叠梁门,叠梁厚为 0.3 m,放淤过程中随着淤区淤积的增加,增加叠梁门高度,其叠梁加高方式为每次加高两孔叠梁。退水闸调度直接影响着淤区淤粗排细效果、淤积形态和退水含沙量,其调度任务是根据各条池的运行和淤积情况,控制退水含沙量和泥沙颗粒组成,提高放淤时期淤区的淤粗排细效果。

二、来水来沙情况

黄河小北干流来水含沙量较大,水沙异源,多年平均水沙量分别为 294.5 亿 m^3、8.81 亿 t,多年平均含沙量为 29.9 kg/m^3,多年平均悬移质来沙中数粒径为 0.029 mm,多年平均粗颗粒泥沙占悬移质来沙的 28.3%。2004 年放淤试验期间龙门站实测最大流量 2 100 m^3/s(8 月 23 日 12 时 36 分),最大含沙量为 696 kg/m^3(8 月 11 日 8 时)。

三、2004 年放淤试验总结

2004 年黄河小北干流连伯滩放淤试验共进行了 6 轮放淤试验,放淤历时 307.7 h。根据输沙率法计算成果,累计进入淤区的沙量为 599.9 万 t,其中粗沙 117.4 万 t、细沙 344.2 万 t、中沙 138.3 万 t;退出淤区的沙量为 164.06 万 t,其中粗沙 6.12 万 t、细沙 139.58 万 t、中沙 18.36 万 t,见表 16-4。2004 年淤区淤积泥沙 435.8 万 t,其中粗沙淤积 111.28 万 t,占引进淤区粗泥沙的 95%;细沙淤积 204.62 万 t,占引进淤区细泥沙的 59%;中沙淤积 119.94 万 t,占引进淤区中沙的 87%。可以看出,2004 年放淤试验粗沙基本上都淤下来了,中细沙淤积下来的也比较多。若考虑来沙中底沙漏测部分全部为粗沙,这部分泥沙按全部淤积在淤区考虑,淤积物中中细沙比例为 67%,仍然较大。

四、分组沙排沙关系

由表 16-4 可知,2004 年放淤试验淤区全沙排沙比为 0.27,粗沙排沙比为 0.05,细沙和中沙的排沙比分别为 0.41、0.13,细沙和中沙的排出比例较小,淤区淤积物中中、细沙所占比例较大。放淤试验过程中发现,在增加细沙排出比例的同时,粗沙的排出比例也在增加。为了增加中、细沙的排出比例,限制粗沙的排出,对淤区全沙和分组沙排沙关系进行了研究。

表 16-4　2004 年小北干流放淤试验排沙情况统计

项目			放淤轮次						总计
			第一轮	第二轮	第三轮	第四轮	第五轮	第六轮	
沙量 （万 t）	进入 淤区	全沙	124.4	76.4	11.2	246.3	119.6	22.0	599.9
		细沙	66.5	50.6	5.8	146.8	61.6	12.9	344.2
		中沙	31.6	15.3	3.0	53.8	30.3	4.3	138.3
		粗沙	26.3	10.5	2.4	45.7	27.7	4.8	117.4
	退出 淤区	全沙	27.39	38.63	1.51	49.00	37.20	10.34	164.07
		细沙	23.30	33.00	1.34	44.11	29.72	8.11	139.58
		中沙	3.07	4.35	0.12	3.84	5.42	1.55	18.35
		粗沙	1.02	1.28	0.05	1.05	2.06	0.68	6.14
排沙比		全沙	0.22	0.51	0.13	0.20	0.31	0.47	0.27
		细沙	0.35	0.65	0.23	0.30	0.48	0.63	0.41
		中沙	0.10	0.28	0.04	0.07	0.18	0.36	0.13
		粗沙	0.04	0.12	0.02	0.02	0.07	0.14	0.05
淤积量 （万 t）		全沙	97.01	37.77	9.69	197.30	82.40	11.66	435.83
		细沙	43.20	17.60	4.46	102.69	31.88	4.79	204.62
		中沙	28.53	10.95	2.88	49.96	24.88	2.75	119.95
		粗沙	25.28	9.22	2.35	44.65	25.64	4.12	111.26

图 16-16 中三条实线是根据三门峡、盐锅峡等黄河上水库实测资料所得多沙河流水库分组沙排沙关系。从图中可以看出,粗、中、细沙的排沙比通过全沙排沙比形成了一种有机的联系,随着全沙排沙比的增加,粗、中、细沙排沙比增加。但是,粗、中、细沙排沙比的增加幅度在全沙排沙比的不同变化范围内有着较大的差异。

由图 16-16 可以看出,全沙排沙比与分组沙排沙比存在下述关系:

(1)当全沙排沙比小于 70% 时,随着全沙排沙比的增加,细沙排沙比增加幅度较大;当全沙排沙比达 70% 时,细沙排沙比已达 92% ,粗沙排沙比为 38% ;当全沙排沙比大于 70% 时,随着全沙排沙比的增加,细沙排沙比增加幅度很小,而粗沙排沙比却迅速增加。

(2)当全沙排沙比小于 40% 时,随着全沙排沙比的增加,粗沙排沙比增加幅度很小,而细沙排沙比增加迅速;当全沙排沙比达 40% 时,粗沙排沙比仅为 11% ,而细沙排沙比已达 64% ;当全沙排沙比大于 40% 时,随着全沙排沙比的增加粗沙排沙比加速增加。细沙排沙比增加速度减缓。

图 16-16 中散点是 2004 年连伯滩放淤实测资料。可以看出多沙河流水库粗沙与全沙排沙关系线同 2004 年放淤实测资料符合,可用于放淤试验粗沙排沙研究;2004 年实测

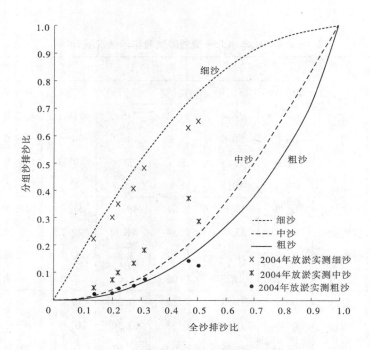

图 16-16　全沙与分组沙排沙关系曲线

细沙、中沙点群与多沙河流分组沙关系线有一定偏离,但变化趋势一致,可采用多沙河流分组沙排沙关系作趋势性分析。

五、退水闸调度指标论证

按照上述分组沙排沙关系,2004 年采用的控制排沙比指标——全沙排沙比最大按70%控制是合理的。当全沙排沙比大于 70%时,全沙排沙比的增加不能有效增加细沙的排出量,反而使粗沙的排出量迅速增加,不利于淤粗排细。考虑到小北干流放淤尽可能多排细沙、少排粗沙的目的,放淤时排沙比不宜大于 70%。但是对于不同的来沙组成,其排沙控制指标应区别对待,当来沙较粗时排沙控制指标应相对较小,根据分组沙排沙关系,不同的来沙组成其控制指标全沙排沙比应在 40% ~70%间变化。

按粗沙与全沙排沙关系,考虑不同的来沙组成,计算淤积物粗沙含量及相应排沙粗沙百分数见表 16-5。根据 2004 年放淤技术总结,由于底沙漏测使输沙率法求得的淤积物偏细,因此在计算过程中考虑底沙漏测的影响,漏测底沙按来沙的 $k\%$ 考虑,表 16-5 中暂以 $k=8$ 计算。淤区淤积物粗沙百分数按下式计算:

$$P_{淤粗} = \frac{\nabla W_{s粗}}{\nabla W_s} = \frac{W_{s入粗}(1-\alpha_粗) + W_{s入} \times k\%}{W_{s入}(1-\alpha) + W_{s入} \times k\%} = \frac{P_{入粗}(1-\alpha_粗) + k\%}{(1-\alpha) + k\%} \quad (16\text{-}2)$$

式中:$P_{淤粗}$ 为淤区粗沙含量;$\nabla W_{s粗}$ 为淤区粗沙淤积量;∇W_s 为淤区淤积量;$W_{s入粗}$ 为按输沙率法计算进入淤区粗沙引沙量;$W_{s入}$ 为按输沙率法计算进入淤区的总沙量;$\alpha_粗$ 为粗沙排沙比;α 为全沙排沙比;$P_{入粗}$ 为淤区进口粗沙百分数。

表 16-5 中以粗实线标出了不同来沙组成条件下,淤区淤积物粗沙含量按 50% 以上考

虑,放淤时全沙排沙比的控制上限。在具体运行时应根据来沙条件进一步细化退水闸加高叠梁控制条件。

以全沙排沙比为退水闸加高叠梁控制条件,具体操作步骤如下:

(1)当预报龙门来沙粗沙含量大于40%时,全沙排沙比达到40%,退水闸增加两孔闸门的一层叠梁;

(2)当预报龙门来沙粗沙含量大于30%时,全沙排沙比达到60%,退水闸加高叠梁一次;

(3)当预报龙门来沙粗沙含量小于30%时,全沙排沙比达到70%,退水闸加高叠梁一次。

表 16-5　不同排沙比淤积物及排沙粗沙百分数

项目		粗沙百分数(%)							
引沙粗沙百分数(%)		16		20		23	30	40	50
淤区进口粗沙百分数(%)		溢流	不溢流	溢流	不溢流	23	30	40	50
		21	16	25	20				
淤区排沙比	0	27	22	31	26	29	35	44	54
	0.1	30	24	34	28	32	39	49	59
	0.2	32	27	37	31	35	42	54	65
	0.3	36	30	40	34	38	46	58	71
	0.4	39	33	44	38	42	51	64	77
	0.5	44	36	49	42	46	56	70	85
	0.6	49	41	55	47	52	62	78	93
	0.7	55	47	62	54	59	70	86	103
	0.8	65	56	72	63	68	80	97	114
	0.9	78	70	84	76	81	92	108	124
淤区出口排沙比	0	0	0	0	0	0	0	0	0
	0.1	1	1	1	1	1	1	2	2
	0.2	2	2	3	2	3	4	5	6
	0.3	4	3	5	4	5	6	8	10
	0.4	6	4	7	6	6	8	11	14
	0.5	8	6	9	7	8	11	14	18
	0.6	9	7	11	9	10	13	18	22
	0.7	11	9	14	11	12	16	22	27
	0.8	14	10	16	13	15	19	26	32
	0.9	17	13	20	16	18	24	32	40

第十七章　多沙河流水库泄流规模论证与分析研究

第一节　巴家嘴水库历史回顾

一、水库的建设与除险加固

巴家嘴水库于 1958 年 9 月开始兴建,1960 年 2 月截流,1962 年 7 月建成。因水库淤积严重曾经两次加高坝体、三次进行工程加固、一次增加泄流规模。目前水库防洪能力不足千年一遇,正在进行再次除险加固前期工作。

二、水库任务

巴家嘴水库建成至今水库任务几经变化,1957 年《泾河流域规划》拟定巴家嘴水库为控制性拦泥库,其任务为拦泥、调节水量,兼顾发电、灌溉。1964 年底,周恩来总理主持召开的治黄会议,同意巴家嘴水库改为拦泥试验库。1968 年,由于地方政府坚持水库"以发电为主兼顾种地"的原则,水库实行"非汛期蓄水发电、汛期滞洪排沙"运用,拦泥试验未能按计划继续进行。目前巴家嘴水库任务以防洪、保坝、供水为主,兼顾发电。年供水量近期 5 787 万 m³、远期 5 722 万 m³。

三、水库运用方式

由于水库淤积严重、水库任务变化等原因,水库运用方式发生了相应的变化。1962 年 2 月 ~ 1964 年 5 月为蓄水运用,1964 年 5 月 ~ 1969 年 9 月第一次泄空排沙自然滞洪运用,1969 年 9 月 ~ 1974 年 1 月第二次蓄水运用,1974 年 1 月 ~ 1977 年 8 月第二次泄空排沙自然滞洪运用,1977 年 8 月开始"蓄清排浑"运用,1988 年改为"蓄清排浑、空库迎汛",1994 年以来"蓄清排浑、空库迎洪"。除险加固设计水库运用方式为蓄清排浑;主汛期非洪水期控制低壅水蓄水运用,控制蓄水位不超过汛限水位;主汛期洪水期空库迎洪。非汛期按正常蓄水位 1 115 m 控制运用。

四、1976 年以来加固及改建研究情况

1975 年 12 月全国防汛和水库安全会议后,认为水库可能最大洪水增大很多。要求对水库进行安全复核和保坝措施设计。1976 年 12 月研究了增建泄洪洞与加高大坝结合方案,1980 年 4 月进行了只增建泄洪建筑物保坝措施研究。1983 年 9 月,通过对泄流排沙,库容淤积的进一步分析研究,并结合工程布置和方案比较,认为坝肩溢洪道不如隧洞

优越。1987 年 3 月进行明流洞方案研究,并于 1992 年 8 月开工增建一条 5 m×7.5 m 城门洞形泄洪洞,1998 年 7 月投入运用。

五、出险原因

造成巴家嘴水库出险的原因是多方面的,有泄流规模不足、排沙与供水矛盾尖锐、增建泄洪洞施工影响等原因。

六、频率洪水

巴家嘴水库各频率入库洪水洪峰流量见表 17-1,3 年一遇、5 年一遇和 10 年一遇洪峰流量分别为 1 090m³/s、1 920m³/s、3 450m³/s。

表 17-1　巴家嘴水库各频率洪水特征值

频率 P(%)	2	3.3	5	10	20	33.3	50
洪峰流量(m³/s)	7 950	6 450	5 270	3 450	1 920	1 090	660

第二节　泄流规模与水库淤积

一、水库淤积

巴家嘴水库天然河道河床比降为 22.6‰。水库纵剖面淤积形态为锥体,且平行淤高。河槽冲刷平衡比降约为 4.7‰;滩槽淤积平衡比降约为 2.6‰。从横断面形态变化情况看滩槽均为平行淤高。纵横剖面滩槽平行抬高是巴家嘴水库淤积的显著特点,见图 17-1。

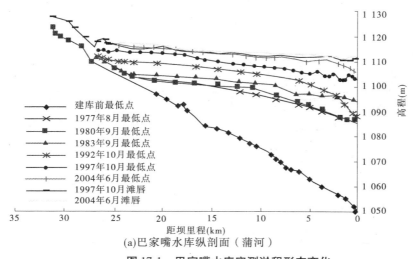

(a)巴家嘴水库纵剖面（蒲河）

图 17-1　巴家嘴水库实测淤积形态变化

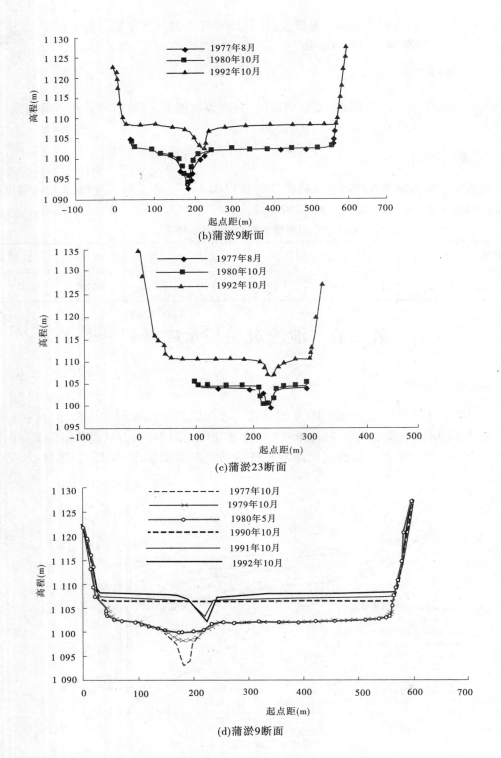

(b)蒲淤9断面

(c)蒲淤23断面

(d)蒲淤9断面

续图 17-1

二、滩槽同步抬高原因分析

(一)泄流规模不足

巴家嘴水库泄流能力见表17-2,1997年增建泄洪洞前,巴家嘴水库最大泄流能力仅104.7 m³/s(1 125 m高程泄量),相应汛限水位1 100 m高程泄量为60.4 m³/s,与来水情况相比泄流能力远远不足;1997年新增泄洪洞建成后,即巴家嘴水库现状最大泄流能力为612.6 m³/s(1 125 m高程泄量),相应汛限水位1 100 m泄量为340.7 m³/s,相应滩面高程1 112 m泄量为489.7 m³/s,仍不能满足泄洪要求。巴家嘴水库多年平均洪峰流量为1 186 m³/s,5年一遇洪水洪峰流量为1 920 m³/s,10年一遇洪水洪峰流量为3 450 m³/s。泄流能力不足,造成高含沙洪水在河槽内滞留时间过长,虽然高含沙洪水的流变特性发生了改变,但由于流速太小,实测资料表明巴家嘴水库自然滞洪状态下水流流速几乎为0,形成浆河。虽然洪水期出库含沙量很大,但仍然造成河槽内泥沙淤积,由于洪水过后巴家嘴水库来水流量非常小,并且巴家嘴水库来沙相对较细,黏粒含量较大,大洪水泥沙淤积量大,使汛期河槽淤积较难冲刷。另由于泄流能力不足,槽蓄量较小,常遇洪水即漫滩,洪水漫滩后即形成滩地淤积。

表17-2 1997年增建泄洪洞前后泄流曲线能力

水位(m)		1 085	1 090	1 095	1 100	1 105	1 110
泄量(m³/s)	增建前	0	27	46.8	60.4	71.5	81.1
	增建后	0	109.6	253.4	340.7	409.8	468.8
水位(m)		1 115	1 120	1 124	1 125	1 130	1 135
泄量(m³/s)	增建前	89.6	97.5		104.7		
	增建后	521.1	568.8	604.1	612.6	653.2	688.5

(二)非汛期来沙量较大,汛期冲刷时间不足

从前述巴家嘴入库来水来沙特性知,来沙以主汛期为主,7~8月来沙量占年均来沙量的78.8%,7~9月来沙量为年来沙量的86.2%。但是由于巴家嘴水库年来沙总量大,有效库容及槽库容小,相对有效库容及槽库容来说非汛期来沙量仍然显得较大。就巴家嘴水库多年平均情况而言,多年平均9月~次年6月来沙量为576万t,按全部淤积在河槽内计,以新近淤积物干容重为1 t/m³计,约合576万m³;多年平均10月~次年6月来沙量为392万t,按全部淤积在河槽内计约合395万m³。非汛期淤积量与槽库容基本相当。加之基流流量小,1992年以后汛期泄空冲刷时间缩短,不能够将年内河槽淤积物全部排出,甚至造成河槽淤满。

(三)地方发电、用水原因

由于地方发电及城乡用水需求迫切,巴家嘴水库来水含沙量大,要满足发电及城乡用水需求,需有一个长期稳定的清水蓄水体,因此巴家嘴水库在运用过程中汛限水位随着水库淤积连年抬高,致使汛限水位未起到限制汛期河槽淤积面的作用。

(四)滩槽同步抬高的形成

由于泄流规模不足,非汛期及汛期非洪水期(以流量大于 50 m³/s 计)来沙量大,造成非汛期及自然滞洪状态下河槽淤积量过大,无法形成蓄清排浑水库所特有的高滩深槽,而仅能形成与泄流规模相应的河槽,从而形成了滩槽同步抬高的局面。

三、巴家嘴水库高含沙水流运动特性

因巴家嘴水库入库悬移质含沙量大、颗粒较细,洪水期极易形成宾汉体高含沙水流。洪水进入壅水区后常以高含沙异重流的形式向前推进。异重流层含沙量一般达 300 ~ 500 kg/m³。巴家嘴水库常见的异重流形式为浑水水库孔口吸流型异重流。

高含沙洪水入库时,只要水库水位上涨率大于 0.3 m/h,泥沙就不容易沉积,清浑水交界面也随着上升;由于泄水洞低于坝前淤积面,出库含沙量常大于入库含沙量,发生"浓缩沉降"和"浓缩排沙"现象。但因出库流量远小于入库流量,出库沙量远小于入库沙量,库区滩地和河槽均发生大量泥沙淤积,库区全断面平行淤高。

由于泄流规模不足,限制了出库流量,加重了水库淤积。从减少水库淤积,保持长期有效库容的角度出发,滞洪运用优于蓄洪运用。因此,高含沙水流水库运用要坚持主汛期洪水期空库迎洪、敞泄滞洪排沙,且要有足够大的泄流规模,发挥高含沙水流挟沙能力大的作用,减少水库泥沙淤积。

四、保持水库库容与泄流规模

保持水库库容是水库防洪保坝安全、长期发挥综合利用效益的前提条件。其关键是控制水库泥沙淤积,即在满足水库设计水位条件下,通过合理的水库运用方式,控制泥沙的淤积部位和数量。

通过对巴家嘴水库改建、运用、淤积过程中长期的总结认识,认为保持多沙河流水库库容的必要条件之一是水库在各特征水位下要有足够的泄流排沙能力,即在水库死水位、汛限水位、设计滩面下有足够大的泄流能力。正常运用期,水库在"蓄清排浑、调水调沙"运用中,能够在汛期排沙期将全年来沙排至库外,达到年内或多年调沙周期内库区冲淤相对平衡。要保持足够大的槽库容,既要保持死水位至汛限水位间有足够的调沙库容,满足常水情况下调水调沙的需求,满足死水位下泄流规模不小于造床流量,满足汛限水位下3~5年一遇洪水敞泄,又要保持汛限水位至滩面间有足够的调洪库容,满足设计滩面以下10~20年一遇洪水敞泄的要求,同时满足较大洪水即30~50年一遇洪水不上滩的要求(视工程的重要性也可要求100年一遇洪水不上滩)。控制滩库容不受一般洪水和较大洪水上滩淤积的影响,保持滩库容相对稳定。同时泄流规模确定时,除了满足保持有效库容的要求,还要考虑满足校核洪水位下泄校核洪水的要求。从而求得一个既满足减淤,保持足够的槽库容,满足调水调沙的需求,避免较大洪水上滩淤积,满足保持有效库容的需求,又满足防洪保坝要求的完美的泄流曲线。

巴家嘴水库泄流规模为防洪保坝安全所需,要满足经济合理和技术可行的双重要求。因此,既要控制水库泥沙淤积,又要允许水库在一定时期内继续缓慢地淤高滩地,减少一部分滩库容,保持水库防洪保坝安全所需要的具有高滩深槽平衡形态的长期有效库容。

五、巴家嘴水库除险加固泄流规模的确定

(一)水库总泄流规模

除险加固设计校核水位 1 125.94 m 总泄流规模为 5 329 m³/s,相当于巴家嘴水库近 20 年一遇洪峰流量(5 270 m³/s)。水库"蓄清排浑运用,主汛期洪水期空库迎洪、平水期低壅水蓄水 50 万 m³"。运用 35 年达到淤积相对平衡形成高滩深槽平衡形态后,坝前滩面高程 1 119.24 m,河底高程 1 109.7 m,在校核洪水位 1 125.94 m 下保持库容 1.368 亿 m³(其中滩面以上有效库容 0.883 亿 m³,滩面以下有效库容 0.485 亿 m³,汛期限制水位 1 111m 高程以下有效库容 0.064 亿 m³),需加高大坝约 1.9 m。

(二)水库淤积相对平衡后平滩水位泄流规模

多沙河流水库淤积相对平衡后形成高滩深槽平衡形态,为保持库区滩库容的稳定性,在不考虑槽库容调蓄洪水的作用下,其平滩水位的泄流规模要相当于频率 $P = 10\%$ ~ 5% 的洪峰流量,在考虑槽库容调蓄洪水的作用下,其平滩水位的泄流规模相当于频率 $P = 5\%$ ~ 3.33% 的洪峰流量。

巴家嘴水库淤积相对平衡后,坝前滩面高程为 1 119.24 m,水库平滩水位的泄流规模约为 3 113 m³/s,略小于 10 年一遇洪峰流量。按照方案 8 水库运用 35 年后的库容曲线进行调洪计算,考虑了槽库容调蓄洪水的作用,坝前滩面高程 1 119.24 m 高于 40 年一遇洪水位(1 119.02 m),可以满足 40 年一遇洪水不上滩。除险加固淤积平衡后平滩水位的泄流规模可以满足两种条件下的设计要求。

(三)水库主汛期限制水位泄流规模

除险加固后拟定主汛期汛限水位 1 111 m,这是巴家嘴水库库区新河道淤积平衡河床纵剖面的侵蚀基准面水位。按照泥沙设计要求,主汛期限制水位的泄流规模相当于频率 $P = 33\%$ ~ 20% 的洪峰流量,或相当于多年平均洪峰流量。巴家嘴水库频率 $P = 33\%$ 的洪峰流量为 1 090 m³/s,$P = 20\%$ 的洪峰流量为 1 920 m³/s,多年洪峰流量均值为 1 186 m³/s。除险加固后主汛期限制水位 1 111 m 的泄流规模为 1 069 m³/s,略小于频率 $P = 33\%$ 的洪峰流量及多年平均洪峰流量,基本满足设计要求。

(四)水库死水位泄流规模

巴家嘴水库拟定死水位 1 095 m,这是巴家嘴水库库区新河道冲刷平衡河床纵剖面的侵蚀基准面水位。按照泥沙设计要求,水库死水位的泄流规模相当于水库新河道的造床流量或为造床流量的 1.05 倍。巴家嘴水库 7 ~ 8 月平均流量 11.38 m³/s(按照 1950 ~ 1996 年实测系列统计)。按造床流量公式 $Q_{造} = 56.3 \overline{Q}_{主汛}^{0.61}$ 计算,求得造床流量为 248 m³/s,按造床流量公式 $Q_{造} = 7.7 \overline{Q}_{主汛}^{0.85} + 90 \overline{Q}_{主汛}^{0.33}$ 计算,求得造床流量为 263 m³/s,取二者平均值 256 m³/s 作为巴家嘴水库造床流量。巴家嘴水库死水位 1 095 m 的泄流规模为 253 m³/s,基本满足泥沙设计要求。

第三节　结　论

洪水暴涨暴落,峰高、量小、历时短,洪水含沙量高,小洪水带大沙是巴家嘴水库入库

洪水的显著特点,在进行水库泄流规模确定时应充分考虑。

在多沙河流修建水库,要满足兴利、长期保持有效库容的要求,应设计在各级特征水位下满足排沙、减淤、保持有效库容泄量要求的水库泄流曲线,这是多沙河流水库泄流曲线的显著特点。足够的泄流规模是多沙河流水库保持有效库容,发挥长期综合效益的必要条件,确定泄流规模时应充分认识其来水来沙特性。高含沙河流水库泄流规模确定时,对具有尖瘦型洪峰特性的河流,不能因洪水历时短而忽视其洪峰流量特别大、挟带的泥沙特别多的特点。多沙河流水库泄流规模设计不仅要确定水库最高蓄水位下总泄流规模,还要确定水库死水位、汛期限制水位、淤积平衡后平滩水位泄流规模。这是保持多沙河流水库长期有效库容的必要条件,也是先决条件和至关重要的条件。否则建成的水库将是一个先天不足,需要进一步改造的水库,就如同现在的巴家嘴水库和当年的三门峡水库。

对于一个多沙河流水库而言,仅仅有足够的泄流规模、合理的泄流曲线,还不能保持长期的满足防洪保坝、供水的有效库容。还需要制定合理的水库运用方式,并且在水库的运用管理中,严格按照制定的水库运用方式对水库进行管理,必要时从长期保持有效库容的角度考虑,适当牺牲眼前利益,只有这样才能保证河槽当年和多年的冲淤平衡,保持足够槽库容以调蓄洪水,从而保持长期有效库容。

第十八章　多泥沙河流水库平面二维泥沙数学模型研究

国内发展的多泥沙河流水库数学模型大都以黄河干支流为背景,已有的模型多用经验认识来弥补理论知识的不足。本章将建立水流泥沙场耦合求解的平面二维泥沙数学模型,对数模中的公式和参数、数值计算的步骤、收敛条件等进行讨论,并说明如何进行合理的选择。然后计算黄河小浪底水库汛期蓄水期坝区泥沙淤积过程,通过数学模型计算结果与实测物理模型地形变化的对比来说明所建立模型的正确性。

第一节　水流泥沙运动的控制方程

挟沙水流运动是一种液固(水沙)两相流体运动,由于悬浮的泥沙颗粒和挟沙水流之间总存在动量和能量交换,散布在水体中的泥沙具有连续介质和分散粒子的双重特性,因此研究这种两相流动问题是困难的。目前水沙两相流的研究大多采用宏观方法,其基本思想是将两相流系统中各相或各相的混合体系视为统一的连续介质,采用类似单相流方法处理。

一、挟沙水流单流体模型的时均化方程及其简化

泥沙颗粒存在将影响水沙混合体系流动的时均速度分布、紊动强度、能量损失等。已有研究成果表明,当泥沙体积浓度 $c \geqslant 5\% \sim 10\%$ 时,应计及固相颗粒之间的相互作用(固相内部应力作用)。将挟沙水流视为单一连续介质流体,研究混合体系的综合运动,以及固相泥沙的扩散输移,称为单流体模型,该模型的 Reynolds 时均化方程形式如下:

(1)混合体连续方程

$$\frac{\partial \overline{\rho_m}}{\partial t} + \frac{\partial (\overline{\rho_m u_{m,j}})}{\partial x_i} + \frac{\partial (\overline{\rho'_m u'_{m,j}})}{\partial x_i} = 0 \tag{18-1}$$

(2)混合体运动方程

$$\frac{\partial (\overline{\rho_m u_{m,i}})}{\partial t} + \frac{\partial (\overline{\rho_m u_{m,i} u_{m,j}})}{\partial x_j} = \overline{F_{m,i}} - \frac{\partial \overline{\rho_m}}{\partial x_i} + \frac{\partial \overline{\tau_{m,ij}}}{\partial x_j} - \frac{\partial (\overline{\rho'_m u'_{m,i}})}{\partial t}$$
$$- \frac{\partial (\overline{\rho_m u'_{m,i} u'_{m,j}})}{\partial x_j} - \frac{\partial (\overline{u_{m,i} \rho'_m u'_{m,j}})}{\partial x_j} - \frac{\partial (\overline{u_{m,j} \rho'_m u'_{m,i}})}{\partial x_j} - \frac{\partial (\overline{\rho'_m u'_{m,i} u'_{m,j}})}{\partial x_j} \tag{18-2}$$

(3)悬沙输运方程

$$\frac{\partial \overline{c}}{\partial t} + \frac{\partial (\overline{c} \, \overline{u_{m,i}})}{\partial x_i} + \frac{\partial (\overline{c' u'_{m,i}})}{\partial x_i} = \frac{\partial}{\partial x_i} \left[\frac{\rho_f c (1 - c)^{n+1}}{\rho_m} \omega \delta_{i3} \right] \tag{18-3}$$

式中: $\overline{\rho_m} = \rho_f(1 - \overline{c}) + \rho_s \overline{c}$; $\rho'_m = (\rho_s - \rho_f) c'$; δ_{i3} 为重力方向的 Kroneck 符号,表示只有在沿重力方向 $\delta_{i3} = 1$,其余两方向为零; F 为单位质量的质量力;下标 m 表示混合体对应物理

量的值，f 表示液相，s 表示固相。

由此可见，挟沙水流混合体系的 Reynolds 时均化形式远比清水水流对应的方程复杂，主要是由于含沙量浓度随时空分布不均匀。一般与泥沙脉动有关的项较小，采用 Boussinesq 假定，忽略高阶脉动相关项 ($\overline{\rho_m' u_{m,i}' u_{m,j}'}$)、脉动相关随时间的改变项 $\dfrac{\partial(\overline{\rho_m' u_{m,i}'})}{\partial t}$ 等一些小量后，各变量采用时均值，并假定 $-\overline{c' u_{m,i}'} = \dfrac{\gamma_{mt}}{\sigma_c}\dfrac{\partial c}{\partial x_i}$，$\sigma_c$ 为紊动 Schmidt 数，上述方程可简化为：

连续方程

$$\frac{\partial \rho_m}{\partial t} + \frac{\partial(\rho_m u_{m,i})}{\partial x_i} = 0 \tag{18-4}$$

动量方程

$$\frac{\partial(\rho_m u_{m,i})}{\partial t} + \frac{\partial(\rho_m u_{m,i} u_{m,j})}{\partial x_j} = F_{m,i} - \frac{\partial \rho_m}{\partial x_i} + \frac{\partial \tau_{m,ij}}{\partial x_j} + \frac{\partial \tau_{m,ij}^t}{\partial x_j} \tag{18-5}$$

悬沙输运方程

$$\frac{\partial c}{\partial t} + \frac{\partial(c u_{m,i})}{\partial x_i} = \frac{\partial}{\partial x_i}(c\omega \delta_{i3}) + \frac{\partial}{\partial x_i}\left(\frac{\gamma_{mt}}{\sigma_c}\frac{\partial c}{\partial x_i}\right) \tag{18-6}$$

底沙输运方程一般采用推移质输沙率公式的形式：

$$g_{bi} = g_{bi}(u_i, H, d, \cdots) \tag{18-7}$$

二、水深平均的挟沙水流运动方程

对水库泥沙运动来说，由于深度尺寸比平面尺寸要小得多，物理量沿水深分布往往不是重点考查的对象，可以采用沿水深方向积分获得二维控制方程后求解流速场和泥沙场量。当含沙量较高时，挟沙流体流变特性采用宾汉体方程，假定：①由于物理量沿深度分布不均匀引起的弥散量（如垂向不均匀引起的扩散及分子黏性项的脉动等）为微量，予以忽略，流速和含沙量沿垂线分布不均匀在积分时产生的形状系数取为 1；②沿水深平均的紊动切应力 $\tau_{ij}^i = \rho_m \overline{\gamma_t}\left(\dfrac{\partial u_i}{\partial x_j} + \dfrac{\partial u_j}{\partial x_i}\right) - \dfrac{2}{3}\rho_m \overline{k} \delta_{ij}$，$\overline{\gamma_t}$ 和 $\overline{k}$ 分别为沿深度平均的紊动黏性系数和紊动动能，为方便以下书写时都略去时均符号；③压力服从静水压力分布。将 $F = \dfrac{1}{H}\displaystyle\int_{z_b}^{z_s} f \mathrm{d}z$ 定义为沿水深 H 方向物理量 f 的平均特征量，$H = z_s - z_b$，z_s 为水面高程；z_b 为河底高程；记 U、V 为流速的深度平均量，w_s、w_b 分别为水面和河底的垂向流速，引入自由水面处和河底的运动边界条件：

$$w_s = \frac{\partial z_s}{\partial t} + U_s \frac{\partial z_s}{\partial x} + V_s \frac{\partial z_s}{\partial y} \tag{18-8a}$$

$$w_b = \frac{\partial z_b}{\partial t} + U_b \frac{\partial z_b}{\partial x} + V_b \frac{\partial z_b}{\partial y} \tag{18-8b}$$

对式(18-4)、式(18-5)沿垂向积分可获得如下水深平均的连续方程和动量方程：

（1）连续方程

$$\frac{\partial \rho_m H}{\partial t} + \frac{\partial \rho_m HU}{\partial x} + \frac{\partial \rho_m HV}{\partial y} = 0 \tag{18-9}$$

（2）x 方向动量方程

$$\frac{\partial \rho_m HU}{\partial t} + \frac{\partial \rho_m HUU}{\partial x} + \frac{\partial \rho_m HUV}{\partial y} = -\rho_m gH\frac{\partial z_s}{\partial x} + 2\frac{\partial}{\partial x}\Big[(\mu_t + \eta)H\frac{\partial U}{\partial x}\Big]$$

$$+ \frac{\partial}{\partial x}\Big[(\mu_t + \eta)H(\frac{\partial U}{\partial y} + \frac{\partial V}{\partial x})\Big] + \frac{\partial H\tau_B}{\partial x} + \frac{\partial H\tau_B}{\partial y} + \tau_{sx} - \tau_{bx} \tag{18-10a}$$

（3）y 方向动量方程

$$\frac{\partial \rho_m HV}{\partial t} + \frac{\partial \rho_m HUV}{\partial x} + \frac{\partial \rho_m HVV}{\partial y} = -\rho_m gH\frac{\partial z_s}{\partial y} + 2\frac{\partial}{\partial x}\Big[(\mu_t + \eta)H\frac{\partial V}{\partial y}\Big]$$

$$+ \frac{\partial}{\partial y}\Big[(\mu_t + \eta)H(\frac{\partial U}{\partial y} + \frac{\partial V}{\partial x})\Big] + \frac{\partial H\tau_B}{\partial x} + \frac{\partial H\tau_B}{\partial y} + \tau_{sy} - \tau_{by} \tag{18-10b}$$

τ_{sx}、τ_{sy}、τ_{bx}、τ_{by} 分别表示水面、水底的 x 方向和 y 方向上的切应力,若不考虑水面风应力等额外应力,则 $\tau_{sx} = \tau_{sy} = 0$。河床底部切应力为:

$$\tau_{bx} = \rho_m C_f U \sqrt{U^2 + V^2} \tag{18-11a}$$

$$\tau_{by} = \rho_m C_f V \sqrt{U^2 + V^2} \tag{18-11b}$$

其中 C_f 为河床摩阻系数,与摩阻流速的关系为 $u_* = \sqrt{C_f(U^2 + V^2)}$,根据窦国仁的研究,将 C_f 表示为 $C_f = 1/C_0^2$,C_0 为无因次谢才系数,计算式为:

$$C_0 = 2.5\lg(\frac{11H}{\Delta}) \tag{18-12}$$

Δ 为床面当量粗糙高度,当床面泥沙中数粒径 $d_{50} < 0.5$ mm 时可取 $\Delta = 0.5$ mm,当 $d_{50} > 0.5$ mm时 $\Delta = d_{50}$。

三、水深平均的挟沙水流 k 方程和 ε 方程

沿水深方向平均的 $k-\varepsilon$ 输运方程,可由三维 $k-\varepsilon$ 方程沿水深积分得到:

（1）k 方程

$$\frac{\partial(\rho_m Hk)}{\partial t} + \frac{\partial(\rho_m HUk)}{\partial x} + \frac{\partial(\rho_m HVk)}{\partial y} = \frac{\partial}{\partial x}\Big[\Big(\frac{\mu_t}{\sigma_k} + \eta\Big)H\frac{\partial k}{\partial x}\Big]$$

$$+ \frac{\partial}{\partial y}\Big[\Big(\frac{\mu_t}{\sigma_k} + \eta\Big)H\frac{\partial k}{\partial y}\Big] + HP_k + HP_{kv} - \rho_m H\mu_r\varepsilon \tag{18-13}$$

（2）ε 方程

$$\frac{\partial(\rho_m H\varepsilon)}{\partial t} + \frac{\partial(\rho_m HU\varepsilon)}{\partial x} + \frac{\partial(\rho_m HV\varepsilon)}{\partial y} = \frac{\partial}{\partial x}\Big[\Big(\frac{\mu_t}{\sigma_\varepsilon} + \eta\Big)H\frac{\partial \varepsilon}{\partial x}\Big]$$

$$+ \frac{\partial}{\partial y}\Big[\Big(\frac{\mu_t}{\sigma_\varepsilon} + \eta\Big)H\frac{\partial \varepsilon}{\partial y}\Big] + C_1\frac{H\varepsilon}{k}P_k + HP_{\varepsilon v} - \rho_m HC_2\frac{\varepsilon^2}{k} \tag{18-14}$$

式中:P_k 为剪力产生项,$P_k = \rho_m\gamma_t[2(\partial U/\partial x)^2 + 2(\partial V/\partial y)^2 + (\partial U/\partial y + \partial V/\partial x)^2]$;$P_{kv}$、$P_{\varepsilon v}$ 是标准 $k-\varepsilon$ 模型没有的,反映了由于垂向分布不均匀产生的弥散效应和床面切应力所引起的紊动效应:

$$P_{kv} = C_0 \frac{\rho_m u_*^3}{H} \tag{18-15}$$

$$P_{\varepsilon v} = C_\varepsilon \frac{\rho_m u_*^4}{H^2}, \quad C_\varepsilon = 3.6 C_2 \frac{C_\mu^{1/2}}{C_f^{3/4}} \tag{18-16}$$

四、水深平均的悬移质泥沙输运方程

根据钱宁等的研究,高含沙水流的悬沙运动仍近似遵循扩散定律,对式(18-6)积分,并考虑床面冲起和落淤的泥沙通量后得到:

$$\frac{\partial HS}{\partial t} + \frac{\partial(HUS)}{\partial x} + \frac{\partial(HVS)}{\partial y} = \frac{\partial}{\partial x}\left(\Gamma_s H \frac{\partial S}{\partial x}\right) + \frac{\partial}{\partial y}\left(\Gamma_s H \frac{\partial S}{\partial y}\right) + \alpha\omega(S - S_*)$$

$$\tag{18-17}$$

实际计算时考虑泥沙颗粒不均匀的影响,通常将泥沙根据粒径划分为若干组。将非均匀悬沙分成 N 组,S_n 表示第 n 组粒径的含沙量,α_n 为第 n 组泥沙的恢复饱和系数,分组悬沙运动方程为:

$$\frac{\partial HS_n}{\partial t} + \frac{\partial(HUS_n)}{\partial x} + \frac{\partial(HVS_n)}{\partial y} = \frac{\partial}{\partial x}\left(\Gamma_s H \frac{\partial S_n}{\partial x}\right) + \frac{\partial}{\partial y}\left(\Gamma_s H \frac{\partial S_n}{\partial y}\right) + \alpha_n \omega_n (S_n - S_{n*})$$

$$\tag{18-18}$$

五、河床变形方程

多泥沙河流泥沙运动的形式主要是悬移质运动,其输沙总量一般超过推移质数十倍,故推移质运动引起的河床变形经常不予考虑。由于悬沙颗粒不均匀,将悬沙分为 N 组,以各组平均粒径作为代表粒径,可得:

$$\gamma' \frac{\partial \eta_n}{\partial t} = \alpha_n \omega_n (S_n - S_{n*}) \tag{18-19}$$

式中:γ' 为泥沙干容重;η_n 为第 $n(n = 1, 2, \cdots, N)$ 组泥沙造成的冲淤厚度。

第二节　计算定解条件

一、初始条件

给定初始时刻计算区域内所有计算变量(U、V、H、k、ε、S)的初值,悬沙级配按进口给定,除进口断面外全流场流速均赋值为零。

二、进口条件

在网格布设时将进口断面与 x 方向垂直,进口流速 U_{in} 随河宽的分布根据曼宁－谢才公式概化为:

$$U_{in,j} = Q_{in} \cdot h_j^{2/3} / \sum (h_j^{5/3} \cdot \delta y_j) \tag{18-20}$$

y 方向流速 V 为零,悬沙浓度 $S = S_{in}$ 给定,S_{in} 为断面进口的含沙量。令 z_p 为节点与较

近一侧壁面距离,进口断面 k 和 ε 采用:

$$k = 0.004 U_{in}^2, \quad \varepsilon = \frac{C_\mu k^{2/3}}{0.04 z_p} \tag{18-21}$$

三、出口条件

计算区域的出流边界需要经过概化为一个矩形断面的河槽,本次计算时将出流流向设定为与 x 轴平行,这样出口边界条件容易给出,水深为下游水位减去河底高程,在恒定流计算时下游水位是给定的。

出口断面满足以下方程:

$$\frac{\partial U}{\partial x} = \frac{\partial S}{\partial x} = \frac{\partial k}{\partial x} = \frac{\partial \varepsilon}{\partial x} = 0 \tag{18-22}$$

V 方向流速为零。

四、露滩边界和水边界

在非淹没单元,可以给定一薄膜水层,使得在全区域内的流动是连续的,从而将具有变动流动区域的问题转化成固定区域内的计算,使复杂的问题得到简化。在求解过程中将薄膜水区的动量方程源项取一极大值,令该单元"冻结",流速为零。

在计算区域内某些离主流很远的水边界,水深大而流速小,基本上相当于静水。这时取水边界上各物理量的法向梯度为零即可。

五、侧壁边界

侧壁边界上流速采用无滑动边界条件 $U = V = 0$,含沙量 $\partial S/\partial n = 0$。$k - \varepsilon$ 模型中边壁条件要特殊处理。在近岸节点 y_p 处给定 $\partial k/\partial n = 0$,$\varepsilon$ 按照对数壁函数处理方法给出:$\varepsilon_p = C_\mu^{3/4} k_p^{3/2}/(\kappa y_p)$,$\kappa$ 为卡门常数,在计算中取为 0.419,岸壁处紊动黏性系数 γ_t 的取值也根据壁函数方法来予以修正。

六、计算步骤

水深平均的多沙河流的控制方程可以写成统一的守恒形式如下:

$$\frac{\partial \rho_m H \Phi}{\partial t} + \frac{\partial \rho_m H U \Phi}{\partial x} + \frac{\partial \rho_m H V \Phi}{\partial x} = \frac{\partial}{\partial x}\left(\Gamma_\Phi H \frac{\partial \Phi}{\partial x}\right) + \frac{\partial}{\partial y}\left(\Gamma_\Phi H \frac{\partial \Phi}{\partial y}\right) + S_\Phi \tag{18-23}$$

其中 Φ 为变量,分别对应于 U、V、k、ε、S,Γ_Φ 为相应于 Φ 的扩散系数。在进行数值计算时,只需对方程(18-23)编制一个通用程序,相应的控制方程均可用此程序求解。

七、数学模型中水流计算模块的验证——复式断面水流计算

为了验证建立的模型的正确性,同时表明该模型具有计算清水水流的能力,首先对复式断面的水流特性进行了计算。令宾汉体流变方程中的参数 $\mu_r = 1$,$\tau_B = 0$,认为全体计算区域内的含沙量和河床变形均为零,则该模型可用来计算清水定床情况。采用南京水科院水槽试验结果对本文数值模拟进行检验。该试验是在长 34 m、宽 3.02 m 的循环水槽中进行的,

见图18-1。复式断面的深槽宽0.3 m,细小碎石扑堆成近似抛物形,最深处比滩地低20 cm,滩地总宽度为2.72 m,上面用3 cm×3 cm橡皮梅花形加糙,断面对称分布,见图18-2。

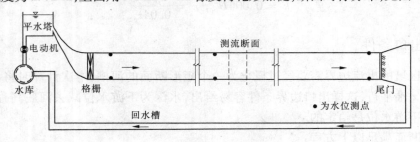

图 18-1 复式断面水槽概化试验布置

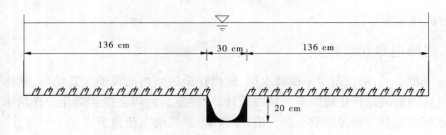

图 18-2 水槽横断面形态

在滩地加糙的情况下,没有用式(18-11)来确定河底边界阻力。根据爱因斯坦断面阻力划分方法,分析得到主槽糙率0.02,滩地糙率0.038。分别进行了0.85 m³/s、0.07 m³/s、0.55 m³/s三级流量的计算,相应的滩地水深依次为25 cm、20 cm和15 cm左右。水流方向划分为35个网格,间距1 m,横向分为31个网格,间距0.03~0.13 m,在主槽处横向网格间隔要小一些,适当加密。

从计算流速值和实测结果的对比图18-3~图18-5来看,所建立的二维模型能够正确

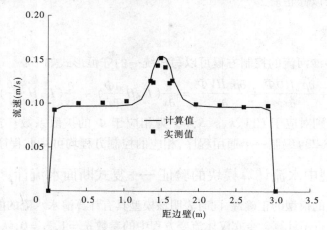

图 18-3 $Q = 0.085$ m³/s 计算流速与实测值的对比

· 128 ·

反映复式断面的流速分布规律,即流速的最大值出现在中间主槽处,随着水深减小,主槽

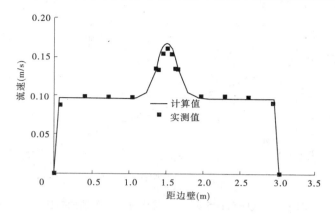

图 18-4 $Q = 0.07 \ \mathrm{m^3/s}$ 计算流速与实测值的对比

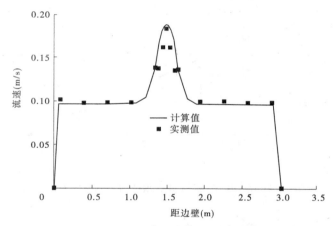

图 18-5 $Q = 0.05 \ \mathrm{m^3/s}$ 计算流速与实测值的对比

与滩地流速差呈现增加趋势;在离主槽远处,滩地流速分布较为均匀;当流量减小时,滩地流速变化不大,但主槽内流速明显增加,即小流量时主槽流量分配比增加;全断面流速图像对称分布。

图 18-6 ~ 图 18-8 为三种流量下水位沿程变化的计算值与实测值的对比,可见数模计算反映了水位从进口到尾门是逐渐降低的,接近直线分布;随着流量的减小,比降呈现增加趋势。这是因为水深减小后,滩地上的橡皮加糙对水流的扰动增加,消耗了更多的水流能量。

从图 18-3 ~ 图 18-8 可以看出,计算所得到的流速场和水位场与实测值差别都比较小,这说明了建立的数学模型计算流场的有效性。

该数学模型还用来计算挖入式港池水流流态、广西邕宁邕江铁路大桥的建设对行洪影响等,与实测值或一维水面线推算成果均符合良好。

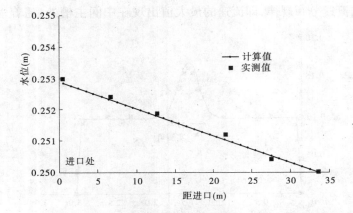

图 18-6 $Q = 0.085 \text{ m}^3/\text{s}$ 计算水位与实测值的对比

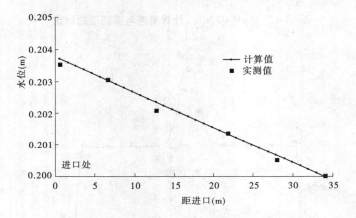

图 18-7 $Q = 0.07 \text{ m}^3/\text{s}$ 计算水位与实测值的对比

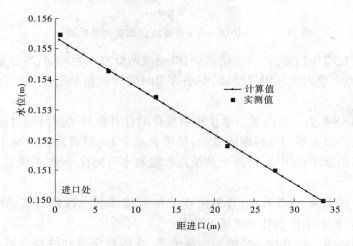

图 18-8 $Q = 0.05 \text{ m}^3/\text{s}$ 计算水位与实测值的对比

第三节　泥沙模块计算时所用公式和参数的选取

一、选用原则

多沙河流输送高含沙洪水时,它的流变特性、运动特性、阻力特性、输沙特性等与低含沙水流有很大不同。一次洪水的冲淤深度可达 3 ~ 5 m,河床调整幅度大、速度快。而河床的调整又反过来影响挟沙力,水流的挟沙能力是不断变化的。因此,建立数学模型时,除满足一般泥沙数学模型的要求外,还遵循了以下原则:

(1)充分考虑多沙河流特殊的运动规律,适当选取模型中的参数,选用各家公式时要考虑其是否适用于含沙量较高的情况;

(2)计算中,将流场与沙场耦合计算,充分反映含沙量的变化对流场的反作用,以适应黄河下游泥沙多来多排、演变迅速的特点;

(3)计算河床冲淤幅度时,考虑到河床变形迅速的实际情况,计算时段较小,以满足时段初和时段末流场的相似性;

(4)模型收敛性判别时,除了满足流场收敛外,还要满足沙场稳定的条件。

二、流变公式的选用

通常认为高含沙水流流变规律用宾汉体方程表达。数学模型计算时采用窦国仁 – 王国兵公式来计算 τ_B 和 η:

$$\mu_r = \frac{\eta}{\mu} = (1 - S/S_{\max})^{-2.5}, \quad \tau_B = \frac{\sigma_0}{\gamma_s} \sum_{i=1}^{N} P_i \left(\frac{\delta}{d_i}\right) \frac{S}{(1 - S/S_{\max})^2} \qquad (18\text{-}24)$$

式中:μ_r 为相对黏性系数;μ 为清水的动力黏滞系数;σ_0 为系数,对黄河沙 $\sigma_0 = 9.8 \times 8 \times 10^{-4}$ N/cm^2,对电木粉 $\sigma_0 = 9.8 \times 1.6 \times 10^{-4}$ N/cm^2;δ 为薄膜水厚度,其值为 0.21×10^{-4} cm;$S_{\max}$ 为极限含沙量,$S_{\max} = 2\gamma_s / [3 \sum P_i (1 + 2\delta/d_i)]$。

三、挟沙力公式的选用

采用窦国仁公式的分组挟沙力形式来计算挟沙力:

$$S_n^* = P_n^* \frac{K}{C_0^2} \frac{\gamma_s \gamma}{\gamma_s - \gamma} \frac{(U^2 + V^2)^{1.5}}{g H \omega_n} \qquad (18\text{-}25)$$

其中 K 由式 $K = 0.023 (1 + \alpha \frac{\gamma_s - \gamma}{\gamma} \cdot \frac{S}{\gamma_s})^{5/8}$ 确定,P_n^* 为挟沙能力级配,ω_n 为非均匀沙群体沉速:

$$\omega_n = \sum_{i=1}^{N} P_i \omega_i, \quad P_n^* = (P_n/\omega_n)^\alpha / \sum_{i=1}^{N} (P_i/\omega_i)^\alpha \qquad (18\text{-}26)$$

沉速 ω_i 可用显式化的窦国仁沉速公式计算,α 取为 0.125。

四、恢复饱和系数 α 的选取

恢复饱和系数是反映悬移质不平衡输沙时水体含沙量向挟沙能力接近的参数,它不

仅与水流动力、泥沙条件有关,而且与地形有关,是个复杂的函数。对多沙河流无好的初值可言,在计算时先假定其为某一个常数,进行河床淤积计算后取实际发生过的水沙及河床变形过程对模型验算之,直至估计 α 后的结果与实测值接近为止。

计算中发现,随着水库淤积的发展,在来水来沙条件变化不大的情况下,α 系数呈减少趋势。这是否是多沙河流水库 α 变化的普适性规律,可作如下分析。

(1)窦国仁认为 α 代表着泥沙颗粒沉降概率,由下式确定:

$$\alpha = \int_{-\omega_s}^{\infty} \frac{1}{\sqrt{2\pi}\,\sigma} e^{-\frac{v'^2}{2\sigma^2}} \mathrm{d}v' \tag{18-27}$$

可见式(18-27)确定的沉降概率 $\alpha < 1$。随着水深减小,流速增大,脉动流速也应呈增大趋势。另外,近底处脉动流速远大于垂线脉动的均值,水深减小后也增加了近底处脉动占整个垂线的比重。也就是说使式(18-27)中的 σ 增大。根据概率统计学原理,随着水深减小,α 将出现减小趋势。

(2)林秉南建议采用下式计算:

$$\alpha = \xi \left(\frac{H}{2d}\right)^{\omega_s/(\kappa u_*)} \tag{18-28}$$

若来水来沙变化不大,式(18-28)中的悬浮指标应比较稳定。从式(18-28)可看出,α 随水深的减小而减小。

(3)潘庆燊、杨国录、府仁寿的《三峡工程泥沙问题研究》一书中给出的计算公式为:

$$\alpha \mid_S = \int_0^1 \eta^{f+1} \mathrm{d}\zeta \cdot \frac{\int_0^1 \alpha \eta^{(3f-1)m} \mathrm{d}\zeta}{\int_0^1 \eta^{(3f-1)m+f+1} \mathrm{d}\zeta} \tag{18-29}$$

其中,S 为断面平均含沙量,$\zeta = y/B$,$\eta = h/H$,f 为参数,满足 $u(y) \propto H^f$,对顺直河段 $f = 2/3$,m 为武汉水院挟沙力公式中的指数。书中指出,在黄河等北方河流一维计算中,恢复饱和系数必须取非常小的一个影响因素是由于黄河中大量边滩的存在,边滩的宽度往往是主槽的数十倍,大大降低了平滩流量附近的恢复饱和系数。如果采用上述公式计算,很容易得出随着水深减小而 α 降低的结论。虽然式(18-29)是在一维数学模型计算中提出来的,但可以认为,一维数学模型与二维数学模型中 α 的变化应无本质的不同,即 α 随着水深减小而降低。

经过以上的分析,以及本次计算实践,得到如下结论:随着多沙河流水库淤积的发展而水深减小,在来水来沙条件变化不大时,恢复饱和系数 α 将减小。

五、采用水流泥沙场耦合求解的必要性

计算时采用水流场和泥沙场耦合求解,即每计算一步流速、水位等流场物理量后,再计算含沙量、挟沙力等泥沙场量,再用所得的流场量和沙场量为猜测值进行下一步的迭代计算,这样能反映含沙浓度较高时水流与泥沙相互影响的特点,更符合多沙河流的实际情况,即采用水沙耦合求解方法。这主要是因为:

(1)挟沙力的计算受含沙量的影响。根据研究,考虑含沙量与挟沙力计算值可能相差 2 倍以上。

（2）宾汉剪应力的存在对流场的影响。高含沙洪水流速沿垂线分布与清水和低含沙水流有显著不同，存在一个"流核区"，在流速场计算时必须要同时求出 τ_B，以利于下一步计算。

（3）各控制方程求解时的系数都包含混合体的密度，密度计算公式为：

$$\rho_m = \rho_f + (\rho_s - \rho_f)S/\rho_s \tag{18-30}$$

当密度变化较大时，流场计算时显然不能忽略密度的影响。

（4）在判别收敛前必须计算泥沙场量，以确定沙场是否已经稳定。

六、计算时段的选取

运算时认为在计算时段 $tscale$ 内，河床变形是均匀的，$tscale$ 应足够小，以满足时段初和时段末流场的相似性。根据式（18-19），河床变化幅度是与计算时段成正比的，可写为：

$$\Delta\eta = tscale/\gamma' \cdot \left[\sum_{n=1}^{N} \alpha_n \cdot \omega_n \cdot (S_n - S_{n*})\right] \tag{18-31}$$

为了给出 $tscale$ 控制条件，令每组计算时段河床变形的最大值 $\max|\Delta\eta|$ 满足两个条件：①变形的相对性：$\max|\Delta\eta| \leqslant H_{max}/12$，$H_{max}$ 为水深的最大值；②变形的绝对性：$\max|\Delta\eta| \leqslant 0.5 \text{ m}$，即用 $\max|\Delta\eta|$ 来控制 $tscale$ 的取值。

七、收敛性判别

在迭代过程中必须规定收敛性标准，以控制计算的去向。采用双重判断准则来判定迭代的收敛性：①流速场收敛；②泥沙场收敛。

流速场收敛规定两个条件，一是相对质量源之和足够小，二是相对质量源的最大绝对值足够小。上述两项分别控制在 0.008 和 0.005 以内。

计算中泥沙场有两个，即含沙量场和挟沙力场，均以前后两次迭代值之差足够小作为迭代收敛的准则。对含沙量场，由于该值是求解悬移质输移方程计算得出的，对于网格水深及其相临的前、后、上、下网格点水深均大于 0.5 m 的网格点，设定最大相对残差 $= \max(|S_{i,j}^{k+1} - S_{i,j}^k|)/S_{in}$。对挟沙力场，由于该值是由代数关系式得到的，在整个计算网格上，最大相对残差 $= \max(|S_{*i,j}^{k+1} - S_{*i,j}^k|)/S_{in}$。其中上标表示迭代步数，$S_{in}$ 为进口含沙量。含沙量场和挟沙力场的最大相对残差经过多次迭代后，均控制在 0.001 以内。

第四节　模型的验证

我国西北、华北地区多沙河流干支流上已建成多座水库。天然河流的河床周界条件与上游来水来沙之间经过长期的相互作用后，会形成一种动态平衡关系。修建水库后破坏了这种平衡状态，库区水位壅高，水深增大，流速减小，水流挟沙能力降低，会导致泥沙在库区淤积，使水库兴利库容减小，甚至威胁水库使用寿命。多沙河流上修建水库后淤积更迅速。若水库建成后管理使用不当，泥沙大量落淤会引起诸多问题。用数学模型的方法研究多沙河流水库泥沙的运动规律，对预测泥沙淤积情况，保持水库长期的有效库容，具有重要意义。

一、黄河小浪底水利枢纽水沙情况简介

为解决黄河下游的防洪、减淤、灌溉、防凌等问题,在三门峡下游 131 km 的小浪底河段兴建大型水利枢纽工程,它可以控制进入黄河下游 90.5% 的水量和 98.1% 的沙量,具有重大的综合效益。由于小浪底河段的含沙量很高,如何解决好泥沙问题至关重要。小浪底枢纽的位置见图 18-9。为研究小浪底枢纽的泥沙问题,南京水利科学研究院已在整体物理模型上进行了多年长系列的试验研究。本节将利用已建立的数学模型对物理模型试验时的坝区河床变形进行计算。

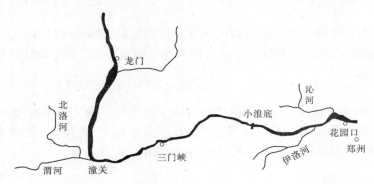

图 18-9　小浪底枢纽在黄河流域的位置

二、计算结果与物理模型第 9 年的对比

计算时初始地形为物理模型第 8 年末(1957 年)实测地形资料,第 9 年开始时,坝前水位升高了 5 m,达到 230 m,物理模型试验按 1958 年实测水文资料来施放上游来水来沙过程,见表 18-1。

表 18-1　物理模型第 9 年水沙过程

年份 (年序)	流量编号	原型日期 (月 – 日)	历时(d)	流量 (m³/s)	含沙量 (kg/m³)	中数粒径 (mm)	坝前水位 (m)
1958 年 (第 9 年)	9-1	07 – 01 ~ 07 – 10	10	1 109.9	87.37	0.022 2	230.0
	9-2	07 – 11 ~ 08 – 11	32	2 285.7	194.21	0.021 0	230.0
	9-3	08 – 12 ~ 08 – 14	3	5 188.7	205.08	0.023 1	230.0
	9-4	08 – 15 ~ 08 – 19	5	2 575.4	60.11	0.017 3	230.0
	9-5	08 – 20 ~ 08 – 25	6	5 149.0	70.08	0.019 0	230.0
	9-6	08 – 26 ~ 09 – 10	16	3 004.6	78.92	0.019 6	230.0
	9-7	09 – 11 ~ 09 – 30	20	2 479.0	27.33	0.025 6	230.0

采用 110×80 网格,在水深变幅比较大的地方,网格适当加密,计算初始地形和网格划分见图 18-10。泥沙分组粒径为 0.175 mm、0.075 mm、0.037 5 mm、0.017 5 mm、0.005

mm,共分为6组。对进口断面采用概化处理,即概化为一个矩形断面的河槽,流向与 x 轴平行。计算时对物理模型试验过程进行模拟,概化矩形断面的河宽近似与实际进口部分相等,以满足水流平顺的要求。

流量级9-1初始时,坝区水位升高了5 m,图18-10对应的流场见图18-11。

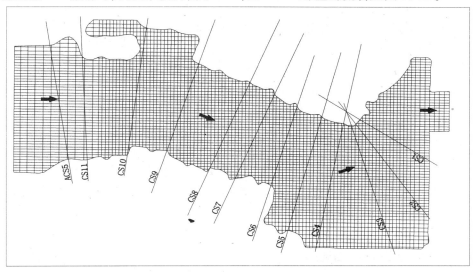

图 18-10　物理模型第 9 年初始实测地形和计算网格

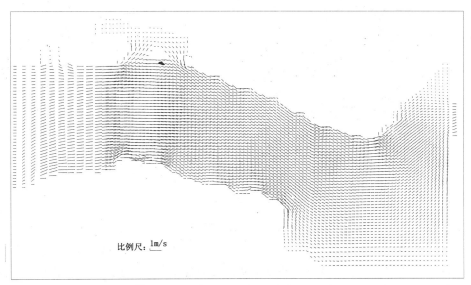

图 18-11　流量级 9-1 初始时的坝区流场

将物理模型上的河床冲淤变化视为原型对建立的数学模型进行检验。施放 9-1 的水沙过程后,计算得到的地形图如图 18-12 所示,由于水量、沙量不大,历时也较短,河床平面没有发生大的变化。但实际上计算区域已有所淤积。流量级 9-2 历时较长,来水、来沙量也大,河床变形剧烈。为更清楚地探求泥沙的淤积规律,给出了放水 21.3 d 后的计算地形和 9-2 末的计算地形,如图 18-13 和图 18-14 所示。由图可以看出,心滩首先在进口附近出现,说明此时河段进口处的泥沙已经不能顺利输送到下游坝址处,接着淤积向下游发展。河型由单一型向分汊型发展,9-2 流量级末,水流较散乱,但左、右汊已具规模。

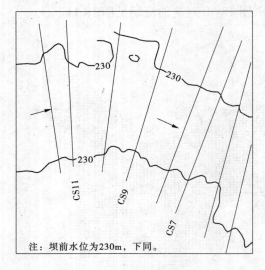

注:坝前水位为230m,下同。

图 18-12　9-1 末计算地形

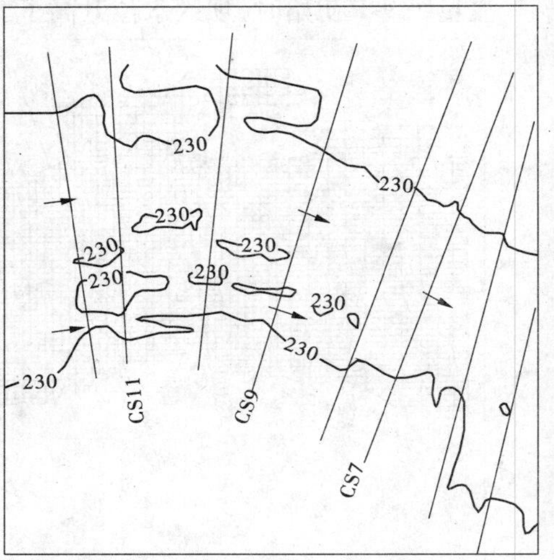

图 18-13　9-2 放水 21.3 d 后计算地形

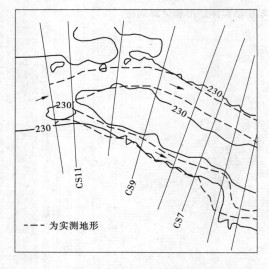

——— 为实测地形

图 18-14　9-2 末计算地形

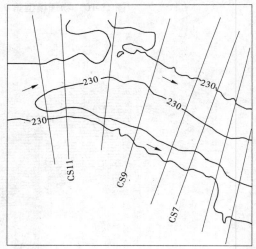

图 18-15　9-4 末计算地形

　　图 18-15、图 18-16 分别是流量级 9-4、9-5 末的地形图。可以看到,右汊继续淤积,到 9-4 流量级末已形成单一河槽,9-5 末下游河宽明显窄于上游,表明了下游主河槽形成时间快于上游。图 18-17 是流量级 9-7 末的计算地形图,计算表明单一河槽的右岸继续淤积,河槽宽度束窄,主槽已相对稳定。

　　为了更准确地表征水库淤积分布,选取了 CS7 和 CS9 断面,观察它们在蓄水过程中的变化,见图 18-18、图 18-19,可见结果与物理模型实测值接近。从图上也可再次看出,泥沙落淤主要淤积在滩地上,水库能保持一定的宽度的行水主槽。

· 136 ·

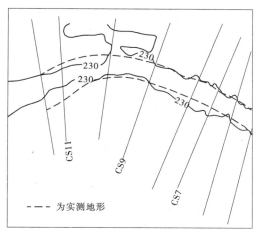

图 18-16　9-5 末计算地形　　　　　　　　图 18-17　9-7 末计算地形

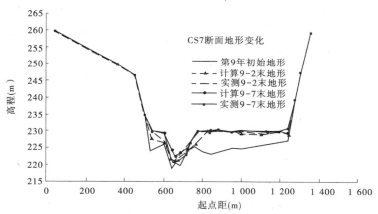

图 18-18　CS7 断面计算与实测地形图的对比

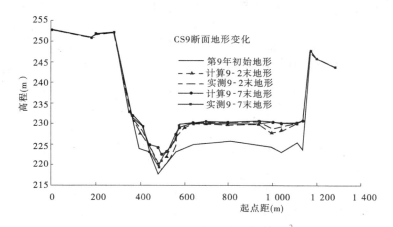

图 18-19　CS9 断面计算与实测地形图的对比

从计算得到的地形图与物模实测地形图的对比,以及断面图的对比可以看出,尽管局部地形有差异,但数学模型所计算得出的库区河道地形变化规律,即边滩和心滩首先在坝区上段出现,边滩与右岸相连;随着淤积的发展,坝区后段也出现边滩和心滩,散乱的多股水流渐渐合并形成两股;然后右侧支汊逐渐淤塞,左汊形成单一主槽;单一主槽形成以后,将长期保持下去。这些演变现象与实测物理模型地形变化是完全一致的。

三、计算结果与物理模型第 4 年的对比

在物理模型第 3 年末实测地形基础上,对第 4 年河床变形进行了计算。第 4 年初始时,坝前水位上升了 4 m,达到 209 m。试验时按 1953 年实测水文资料施放上游来水来沙过程,见表 18-2。

表 18-2　物理模型第 4 年水沙过程

年份 (年序)	流量编号	原型日期 (月 - 日)	历时 (d)	流量 (m³/s)	含沙量 (kg/m³)	中数粒径 (mm)	坝前水位 (m)
第 4 年 (1953 年)	4-1	07 - 01 ~ 07 - 13	13	745.5	57.23	0.029 8	209
	4-2	07 - 14 ~ 07 - 21	8	804.7	205.24	0.027 7	209
	4-3	07 - 22 ~ 07 - 27	6	601.8	79.22	0.026 5	209
	4-4	07 - 28 ~ 08 - 07	11	1 570.7	116.96	0.029 0	209
	4-5	08 - 08 ~ 08 - 16	9	949.4	95.58	0.027 7	209
	4-6	08 - 17 ~ 08 - 21	5	2 172.8	215.79	0.029 3	209
	4-7	08 - 22 ~ 08 - 25	4	522.8	111.02	0.027 3	209
	4-8	08 - 26 ~ 08 - 28	3	2 927.9	230.52	0.030 1	209
	4-9	08 - 29 ~ 09 - 16	19	792.8	49.36	0.027 2	209

计算网格和进出口断面概化仍按上文第 9 年的方法。

物理模型观测到的情况是:当水库蓄水到预定高程后,坝区水位比建坝前高出很多,水深很大,断面很宽,水面几乎呈静止状态。随着坝前水位稳定时间的延长,边滩和心滩在上游出现,泥沙淤积逐步从上游向下游发展,经过一段时间后,下段也出现边滩和心滩,一时出现多股水流并存的局面,主流游荡不定。随着泥沙的淤积和心滩的扩大,许多支汊逐渐淤塞,最后在左侧形成一条主流,从游荡转为相对稳定。图 18-20 ~ 图 18-25 为计算得出的平面地形。

横断面选取 CS6、CS8 作为代表断面,这两个断面计算地形变化与实测值对比见图 18-26、图 18-27。

计算得出的平面地形图表明:蓄水位升高后,滩面普遍上水,首先在河道中靠近右侧淤积出边滩,心滩在进口附近出现,出现多股水道。然后心滩逐渐向下游延伸,边滩向河中心伸长,多股水道慢慢合并。随着淤积的逐步进行,边滩和心滩连成一片,在河谷的左侧形成单一河道,这时由于上游进口的水沙条件逐步与新形成的河道地形达到平衡,单一河道的主槽将长期保持。从图上可看出,尽管局部地形有一定差异,如最后实测地形进口

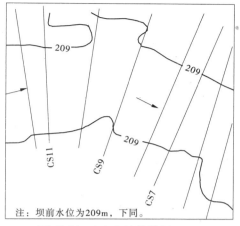

注：坝前水位为209m，下同。

图 18-20　4-1 末计算地形

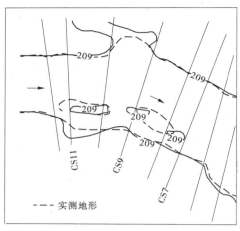

------ 实测地形

图 18-21　4-2 末计算地形

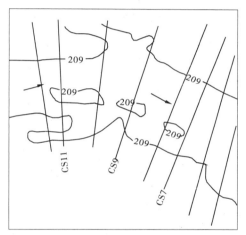

图 18-22　4-3 末计算地形

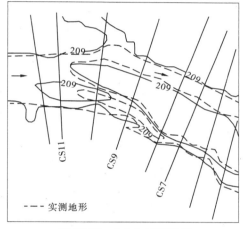

------ 实测地形

图 18-23　4-4 末计算地形

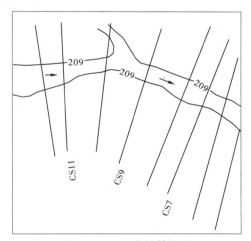

图 18-24　4-7 末计算地形

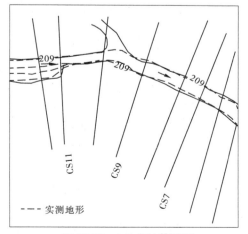

------ 实测地形

图 18-25　4-9 末计算地形

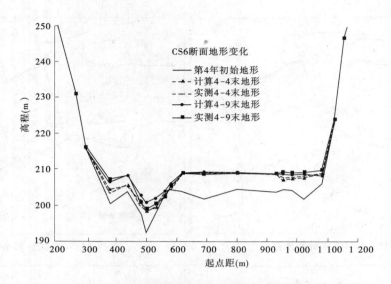

图 18-26　CS6 断面计算与实测地形图的对比

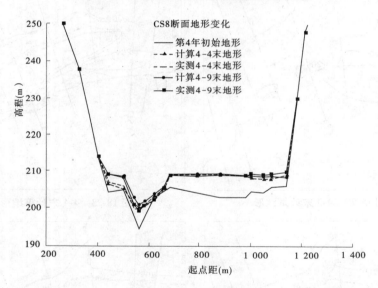

图 18-27　CS8 断面计算与实测地形图的对比

附近的心滩在计算中未出现,但数学模型得出的结果与物理模型实测趋势是一致的。

综上所述,计算所得的河床形态基本上能反映实测物理模型地形的变化,所建立的多沙河流水深平均的二维数学模型能够对实际多沙河流进行较好的模拟。

第五节　本章小结

在本章中建立了水沙耦合求解的多沙河流水库平面二维泥沙数学模型,主要内容如下:

（1）在进行多沙河流泥沙数学模型计算时,充分考虑到其特殊的运动规律,将流场与沙场耦合计算,以适应黄河下游泥沙的多来多排、演变迅速的特点;适当选取模型中的参数,选用各家公式时也要考虑其是否适用于含沙量较高的情况;前文的理论分析成果在模型中也得到应用;如果对该数学模型作适当简化,则可应用于计算清水和少沙河流情况,与实测资料也比较吻合。

（2）计算河床冲淤变化时,考虑到河床变形迅速的实际情况,计算时段应较小,以满足时段初和时段末流场的相似性,给出了计算时段应满足的关系式。

（3）在计算收敛性判别时,除了满足流场收敛外,还要满足含沙量场和挟沙力场均稳定的条件。

（4）对争议较大的恢复饱和系数 α 取值,计算得出了随着水库淤积的发展而水深减小,恢复饱和系数 α 呈减小趋势的结论,与现有的多家理论分析结果和经验公式都比较符合,表明该结论是比较合理的。

（5）通过与黄河小浪底物理模型的对比,计算所得的河床形态基本上能反映实测物理模型地形的变化规律,表明所建立的多沙河流水深平均的二维数学模型能够对实际多沙河流进行较好地模拟。

参 考 文 献

[1] 陕西省水利科学研究所河渠研究室,清华大学水利工程系泥沙研究室. 水库泥沙[M]. 北京:水利电力出版社,1979.

[2] 武汉水利电力学院河流泥沙工程学教研室. 河流泥沙工程学[M]. 北京:水利电力出版社,1983.

[3] 黄河水利委员会勘测规划设计研究院. 黄河水利水电工程志[M]. 郑州:河南人民出版社,1991.

[4] 中国水利学会泥沙专业委员会. 泥沙手册[M]. 北京:中国环境科学出版社,1992.

[5] 高俊才. 水利建设可持续发展[J]. 水利水电科技进展,2003,23(2):6-10.

[6] Chang H H. Fluvial processes in river engineering. New York:John Wiley & Sons,1988.

[7] 张瑞瑾,谢鉴衡,王明甫,等. 河流泥沙动力学[M]. 北京:水利电力出版社,1989.

[8] 韩其为,何明民. 泥沙运动统计理论[M]. 北京:科学出版社,1984.

[9] 王兆印,宋振琪. 欧美泥沙运动研究述评[C]∥第二届全国泥沙基本理论研究学术讨论会论文集. 北京:建材工业出版社,1995.

[10] 王光谦. 中国泥沙研究述评[J]. 水科学进展,1999,10(3):337-344.

[11] 周志德. 20世纪的泥沙运动力学[J]. 水利学报,2002(11):74-77.

[12] Barenblatt G I. Scaling laws for fully developed turbulent shear flows, part I, basic hypotheses and analysis[J]. Fluid Mech. , Vol. 248,1993:513-520.

[13] 肖勇,金忠青. 固壁紊流流速分布指数型公式和阻力规律(I)——粗糙区[J]. 水科学进展,1997,8(2):148-153.

[14] 肖勇,金忠青. 固壁紊流流速分布指数型公式和阻力规律(II)——过渡区[J]. 水科学进展,1999,10(1):64-68.

[15] Martin Wosnik, Luciano Castillo, William K. George. A theory for turbulent pipe and channel flows[J]. Fluid Mech. 2000,421:115-145.

[16] Vito Ferro, Giorgio Baiamonte. Flow velocity profiles in gravel-bed rivers [J]. Hydraulic Engineering, 1994, 120(1):60-80.

[17] Junke Guo, Pierre Y. Julien, Turbulent velocity profiles in sediment-laden flows [J]. Hydraulic Research, 2001,39(1):11-24.

[18] 王光谦,张仁,惠遇甲,等. 清华大学泥沙研究回顾[J]. 泥沙研究,1999(6):21-25.

[19] 汤立群,唐洪武,陈国祥. 河海大学泥沙研究进展及成果综述[J]. 泥沙研究,1999(6):29-32.

[20] 余明辉,杨国录,刘高峰,等. 非均匀水流挟沙力公式的初步研究[J]. 泥沙研究,2001(3):25-29.

[21] Joseph F. Atkinson, Athol D. Abrahams, Chitra Krishnan, et al. Shear stress partitioning and sediment transport by over/and flow [J]. Hydraulic Research, 2000,38(1):37-40.

[22] 王国兵. 水流挟沙能力的探讨[R]. 南京:南京水利科学研究院河港研究所,1997.

[23] 王士强,陈骥,惠遇甲. 明槽水流的非均匀挟沙力研究[J]. 水利学报,1998(5):1-9.

[24] Wuiming Wu, Sam S Y. Wang, Yafei Jia. Nonuniform sediment transport in alluvial rivers [J]. Hydraulic Research, 2000,38(6):427-434.

[25] Patel P L, Ranga Raju K G. Fractionwise calculation of bed load transport[J]. Hydraulic Research, 1996,34(3):363-379.

[26] 左东启. 中国水问题的思考[M]. 南京:河海大学出版社,2000.

[27] Pierre Y. Julien, Jayamurni Wargadalam, Alluvial channel geometry：theory and applications[J]. Hydraulic Engineering, 1995,121(4):312 - 325.

[28] 夏军强,王光谦,张红武,等. 河道横向展宽机理与模拟方法的研究综述[J]. 泥沙研究,2001(6): 71 - 78.

[29] Robert G. Millar, Grain and form resistance in gravel - bed rivers[J]. Hydraulic Research, 1999,37 (3):303 - 312.

[30] 禹明忠,王兴奎,庞东明,等. PIV流场量测中图像变形的修正[J]. 泥沙研究,2001(5):59 - 62.

[31] Rhodes D G, New A P. Preston tube measurement in low Reynolds number turbulent pipe flow [J]. Hydraulic Engineering,2000,126(5):407 - 415.

[32] S. Wu, N. Rajaratnam. A simple method for measuring shear stress on rough boundaries [J]. Hydraulic Research, 2000,38(5):399 - 400.

[33] 吴中如. 高新测控技术在水利水电工程中的应用[J],水利水运工程学报,2001(1):13 - 21.

[34] 左东启,俞国青. 工程水动力学研究中的合交模型[J]. 河海科技进展,1992,12(4):1 - 23.

[35] Marian Muste, Ehab A. Meselhe, Larry J. Weber. Coupled physical - numerical analysis of flows in natural waterways [J]. Hydraulic Research, 2001,39(1):51 - 60.

[36] 王协康,方铎,姚令侃. 非均匀沙床面粗糙度的分形特征[J]. 水利学报,1999(7):70 - 74.

[37] Chih Ted Yang. Variational theories in hydrodynamics and hydraulics [J]. Hydraulic Engineering, 1994, 120(6):737 - 756.

[38] Deng Zhi qiang , Vijay P. Singh. Mechanism and conditions for change in channel pattern[J]. Hydraulic Research, 1999, 37(4):465 - 478.

[39] Shuyou Cao, Donald W. Knight. Entropy - based design approach of threshold alluvial channels [J]. Hydraulic Research, 1997,35(4):505 - 524.

[40] Jahangir Morshed, Jagath J. Kaluarachchi. Application of artifical neural network and genetic algorithm in flow and transport simulations. Advances in Water Resources,1998,22(2):145 - 158.

[41] Yonas B. Dibike, Dimitri Solomatine, Michael B. Abbott. On the encapsulation of numerical - hydraulic models in artifical neural network [J]. Hydraulic Research,1999,37(2):189 - 198.

[42] Nagy H M, Watanabe K, Hirano M. Prediction of sediment load concentration in rivers using artificial neural network model [J]. Hydraulic Engineering, 2002,128(6):588 - 595.

[43] 张小峰,许全喜,谈广鸣,等. 河道岸线变形的神经网络预测模型[J]. 泥沙研究,2001(5):19 - 26.

[44] 李义天,李荣. 具有河网水沙运动特点的人工神经网络模型[J]. 水利学报,2001(11):1 - 7.

[45] 杨国录. 河流数学模型[M]. 北京:海洋出版社,1993.

[46] 谢鉴衡,魏良琰. 河流泥沙模型的回顾与展望[M]. 泥沙研究,1987(3):1 - 13.

[47] 陈国祥,郁伟族. 冲积河流数学模拟的进展[J]. 河海大学科技情报,1989,9(3):50 - 63.

[48] 陈国祥,陈界仁,沙捞·巴里. 三维泥沙数学模型的研究进展[J]. 水利水电科技进展,1998(1): 13 - 19.

[49] Chen Ching Jen , Shenq - Yuh. Fundamentals of turbulence modeling, Taylor & Francis, Washington D. C. , 1998.

[50] 金忠青. N - S方程的数值解和紊流模型[M]. 南京:河海大学出版社,1989.

[51] Thiên Hiêp Lê,Bruno Troff, Pierre Sagaut, et al. A navier - stokes solver for direct numerical simulation of incompressible flows, International J. for Numerical Methods in Fluids, 1997,24(9):833 - 861.

[52] Chen Shiyi , Gary D. Doolen. Lattice Boltzmann method for fluid flows. Annual Review of Fluid Mechan-

ics,1998,30:329 - 364.

[53] 董壮. 三维水流数值模拟研究进展[J]. 水利水运工程学报,2002(3):66 - 73.

[54] Ming Hseng Tseng, Chia R. Chu. Two - dimensional shallow water flows simulation using TVD - Mac-Cormack scheme [J]. Hydraulic Research,2000,38(2):123 - 131.

[55] 吴时强. 剖开算子法解三维粘性流动问题的研究[D]. 南京:南京水利科学研究院,2001.

[56] 陈界仁. 高含沙水流立面二维数学模型[J]. 河海大学学报,1994,22(4):101 - 104.

[57] O'Brien J S, Julien P Y, Fullerton R C. Two - dimensional water flood and mudflow simulation [J]. Hydraulic Engineering,1993,119(2):244 - 261.

[58] 于清来,窦国仁. 高含沙河流泥沙数学模型研究[J]. 水利水运科学研究,1999(2):107 - 115.

[59] 张红武,杨明,张俊华,等. 高含沙水库泥沙运动数学模型的研究及应用[J]. 水利学报,2002 (11):20 - 25.

[60] Fang Hong Wei, Wang Guang Qian. Three - dimensional mathematical model of suspend - sediment transport [J]. Hydraulic Engineering,2000,126(8):578 - 592.

[61] 窦国仁,王国兵,王向明,等. 黄河小浪底枢纽泥沙研究(报告汇编)[R]. 南京:南京水利科学研究院,1993.

[62] Zhaoyin Wang, Peter Larsen, Wei Xiang. Rheological properties of sediment suspensions and their implications [J]. Hydraulic Research,1994,32(4):495 - 516.

[63] Julien P Y, Lan Y. Rheology of hyperconcentrations [J]. Hydraulic Engineering,1991,117(3): 346 - 353.

[64] Major J J, Pierson T C. Debris flow rheology: Experimental analysis of fine - grained slurries, Water Resources Research,1992,28(3):841 - 857.

[65] 舒安平. 水流挟沙力公式的验证与评述[J]. 人民黄河,1993(1):7 - 9.

[66] 刘继祥,安新代,石春先,等. 小浪底水库初期防洪减淤运用关键技术研究[R]. 郑州:黄河水利委员会勘测规划设计研究院,2002.

[67] 王国兵,于为信,王向明,等. 河床形态的试验研究[R]. 南京:南京水利科学研究院河港研究所,1994.

[68] 陈雄波,王国兵. 高含沙河流河床形态的研究[J]. 水利水运科学研究,1998(1):82 - 89.

[69] 汪德爟. 计算水力学理论与应用[M]. 南京:河海大学出版社,1989.

[70] Rodi W. Turbulence models and their application in hydraulics, IAHR,1980.

[71] 钱宁. 高含沙水流运动[M]. 北京:清华大学出版社,1989.

[72] 韩其为,何明民. 论非均匀悬移质二维不平衡输沙方程及其边界条件[J]. 水利学报,1997(1): 1 - 10.